和孩子一起学 金钱管理

少年思维训练

梁志援

U0337126

山西出版传媒集团

山西教育出版社

图书在版编目（CIP）数据

和孩子一起学金钱管理 / 梁志援编著. -- 太原：
山西教育出版社, 2014.5（2016.1重印）

（少年思维训练丛书）

ISBN 978-7-5440-5080-7

Ⅰ.①和… Ⅱ.①梁… Ⅲ.①财务管理—儿童教育—
家庭教育 Ⅳ.①TS976.15②G78

中国版本图书馆CIP数据核字(2014)第047368号

本书由香港思聪儿童教育机构创始人梁志援授权山西教育出版社
在中国大陆地区出版发行简体中文版

书　　名 / 和孩子一起学金钱管理
作　　者 / 梁志援

出 版 人： 雷俊林
策划编辑： 潘　峰
责任编辑： 杨　文
复　　审： 郭志强
终　　审： 张沛泓
装帧设计： 薛　菲
助理设计： 陈　晓
印装监制： 贾永胜
出版发行： 山西出版传媒集团·山西教育出版社
　　　　　（地址：太原市水西门街馒头巷7号　　电话：0351-4729801　　邮编：030002）
印　　装： 山西人民印刷有限责任公司
开　　本： 787×1092　　1/16
印　　张： 6.75
字　　数： 125千字
版　　次： 2014年5月第1版　　2016年1月山西第2次印刷
印　　数： 3 001—6 000册
书　　号： ISBN 978-7-5440-5080-7
定　　价： 13.00元

作者简介

　　梁志援，思聪少年思维训练课程(http://www.youngthinker.net)总监，先后就读于香港理工学院(即现今香港理工大学)及澳门东亚大学(即现今澳门大学)，获财务管理文凭、市场学文凭及工商管理硕士学位，并具多年少年思维训练及儿童计算机教育经验，为香港计算机学会、英国特许市场学会、香港计算机教育学会及香港网上教育学会会员。

　　梁先生致力于研究通过计算机科技、心理学、教练技术、体验式学习及神经语言程序学(NLP)来培训新一代的儿童及青少年，曾修读多项世界著名的培训课程来学习思维方法、历奇教学、潜意识运作、心灵转化等技巧，阅读过数以千计的相关书籍。

"硬"知识 "软"智慧

这是一套操作性极强的工具书

翻开毕业纪念册，你会发现，同学们的学历是完全一样的，所学到的东西大致相同，年龄、背景差不多，但多年以后，成就却有极大的差距。你可能会归因这是天时、地利、人和的不同，是命运的捉弄，使得有些人的际遇很差，事事不利；有些人则得到贵人扶持，加上好运气，所以顺风顺水。但除了这些所谓"命运"因素外，还有没有其他原因？

一段学业的完成代表大家得到了大致相同的"硬"知识，但为什么有些人运用知识时更得心应手，可以用得更快、更顺畅？对！因为他们有更多的"软"智慧来配合。

知识型社会已经来临，知识比过去任何时期都更为重要，每一个人都必须在"硬"知识上投入更多精力、时间，如考取一个学位、获得专业资格或学会一门谋生的技能等。无可否认，这些"硬"知识可以帮助我们增强竞争能力，奠定谋生的基础，但要使"硬"知识发挥得更加得心应手，就必须同时要有一套"软"智慧。

什么是"软"智慧？著名未来学家约翰·奈斯比特（John Naisbitt）认为，在知识型社会中，每一个人都应学会四种技能，即如何学习、如何思考、如何创造、如何沟通。

举一个例子，同时取得相同专业资格的两位电器师傅，师傅甲懂得学习的方法，可以在快速变化的市场上更快掌握新产品的知识；他的沟通、社交及表达能力较好，有利于接到更多生意；他较有创意，可以更快、更顺畅地解决难题；他懂得思考，可以从更高的角度审视自身所处的环境，可以更加明确自己的目标，发现更多的机会。所以，他的成就必定比师傅乙高。

"硬"知识和"软"智慧的区别在于："硬"知识会很快落伍，被新知识所取代，"软"智慧是终身受用的；"硬"知识需要很长时间才能被掌握，"软"智慧可以在很短的时间内被掌握，但是如果某些人想不通、看不见，则一生都不开窍；"硬"知识通常是在学校里按课程进度学习，"软"智慧则在生活和学习中俯拾皆是；"硬"知识容易量度、评估，"软"智慧则较难准确评估，可能要经过一段时间才可以看到效果。

世界上大部分成功人士都有一个共同点，就是具有卓越的"软"智慧。

教育改革是一场世界性的生存竞赛，几乎所有先进国家都在改革，"终身教育"并非乌托邦式理想主义的口号，而是为应对千变万化的知识型社会作出的必然选择。转向学习型社会是社会生存的出路，除此之外，别无他法。

梁志援兄撰写的这套《少年思维训练丛书》，正是迎合世界教育浪潮而编撰的"软"智慧丛书，主题有"时间管理""解决问题""订立目标""多角度思维""金钱管理""成功习惯""独立思考""规划人生"等，完全符合知识型社会对培养通识通才的需要。丛书的内容言简意赅，没有冗长沉闷的说教，用练习的形式让学生即做、即知，有即时的满足感，按部就班、有系统地学习很多人终其一生可能都领悟不到的"软"智慧。

很荣幸成为这套丛书的顾问，推动学习型社会是本人及我所在的圣雅各福群会多年来的梦想和信念，现在可以和志援兄共同向这个梦想进发，实在是一件令人兴奋的事。

我真诚地向教育界同仁、家长及立志终身学习的朋友推荐这套丛书。

刘远章
《少年思维训练丛书》顾问
圣雅各福群会延续教育中心经理

《少年思维训练丛书》的特色和用法

Q：《少年思维训练丛书》是根据什么学习理论设计的？

A：这套丛书将当代各领域顶级大师的智慧及知识转化成有趣的故事、活动、练习及评估。此外，还应用了NLP神经语言程序学及自我暗示等各类心理学技巧，来提升孩子的领悟力。这套丛书每册有16课，每课约需20～30分钟完成。

Q：《少年思维训练丛书》适用的读者群如何？也适用于成年人吗？

A：这套丛书的目标对象为小学高年级及中学生（大约11岁至16岁）。对于年纪较小的孩子，父母可多加解释，并应该根据孩子的程度选取较为浅显的部分来学习。其实这套丛书也适合成年人，只是青少年处于知识增长阶段，对于事物的接受能力较强，因此思维训练的效果更好。

Q：家长如何使用这套书？

A：这套丛书是一系列完整的自学课程，父母可与子女在温馨的环境中共同学习。若家长能先通读内容，自己先做一遍练习，效果会更好。父母是孩子的生命教练，我们期望家长能身体力作为孩子的榜样，并通过自己的生活体验与孩子一起讨论答案或分享心得。

Q：学校老师如何使用这套书？

A：老师应先看课程的内容，自己先做一遍练习，直至完全理解课程的重点为止。在学生进行练习前，老师可先为学生做简单的说明。与学生核对答案时，老师可选择部分题目与学生一起讨论并分享自己的体验，以加深学生的理解并增加互动。

Q：家长或老师可否修改本书所提供的参考答案？

A：可以。由于思维的多样化，每个人对同一个问题的思考，所获得的答案绝不会是完全一样的。因此，我们在这里所提供的答案不是唯一的标准答案，只是为了学习思维训练课程而提供的一个参考。

Q：需要每个练习都做吗？如果无法每个练习都做，如何选择精华来练习？

A：这套丛书的设计就像建筑一幢大厦，由基础开始而逐渐引导孩子彻底认识整个主题。因此，我们希望孩子能按顺序完成所有练习。如果无法每个练习都做，希望孩子至少能阅读每课的主题介绍及课程末的学习重点。

Q：做过这些练习后，孩子就能在行为及信念上有所改变吗？如果有一定的影响，如何持续这种影响，使它成为孩子一生的"装备"？

A：任何行为及信念上的改变都要经过认识、领悟和实践等阶段。若孩子能够预见及确信改变将会带给他们美好的结果，他们便有动力来改变自己的行为。但是，思维训练最大的价值在于，让这些智慧及知识成为孩子的信念，并通过不断实践形成一生的良好习惯。

自序

> 这个世界属于善用金钱的人。
>
> ——爱默生

"金钱管理"对于每一个人来说，都是很重要的课程，因为能够明智地管理金钱，确实是幸福生活的基本要素。可惜，在大部分中、小学课程规划中，对于儿童或少年金钱管理的教育，可说是一片空白。

无数的例子证明，要想真正成为金钱的主人，就必须具备正确的金钱管理观念，而培养金钱管理观念的最佳时机，莫过于儿童及少年时代了。为此，本书汇集了当代理财大师的心得，并通过许多生动有趣的故事、练习及问题来帮助大家学习：

★金钱的意义。

★金钱管理的目的。

★金钱管理的七大范围：

　1.赚取（Earn）：通过工作来获得金钱。

　2.花费（Spend）：精明地运用金钱来购买需要的产品或服务。

　3.储蓄（Save）：生活节俭，将金钱保留下来。

　4.保护（Protect）：使金钱免因意外、陷阱而损失。

　5.投资（Invest）：把金钱作为工具来赚取更多的金钱。

　6.分享（Share）：用金钱帮助其他有需要的人。

　7.控制（Control）：通过预算、记录等工具来掌握金钱的流动。

最后，我们更期望本书能帮助大家明智地运用金钱，在将来达到"财务自由"（Financial Freedom）的境界，不再为金钱的问题而烦恼。

目录　CONTENTS

第 **1** 课
认识金钱

能用金钱购买的东西是美好的，但更要确保自己不会遗失金钱无法购买的东西。

金钱是什么？为什么对人们这么重要？金钱是日常生活的必需品，我们可用金钱购买食物、帮助穷人、进修、娱乐和缴付租金等。想一想，你和你的家人都把钱花在哪里了？

一 金钱的用处

● 假如你摇身成为亿万富翁，想一想，你将如何使用这些钱？请在适合的□加上√号，或在横线上填上你的答案（可选择多个答案）。

☐ a. 购买玩具　　☐ b. 添置衣服　　☐ c. 帮助穷人

☐ d. 购买豪宅　　☐ e. 品尝美食　　☐ f. 购买书本

☐ g. 赠送家人　　☐ h. 购买汽车　　☐ i. 环游世界

☐ j. 尽情娱乐　　☐ k.＿＿＿＿＿＿

二 金钱并非万能

● 虽然金钱是现代人生活的必需品，但我们也要知道，有许多东西是金钱买不到的。请在适合的□加上√号。

（1）金钱能购买装修华丽的花园洋房，却不能购买温暖的＿＿＿＿＿＿。

☐ a. 毛衣　　　　☐ b. 火炉

☐ c. 便当　　　　☐ d. 家庭

（2）金钱能购买舒适的"睡床"，却不能购买更为重要的＿＿＿＿＿＿。

☐ a. 睡眠　　　　☐ b. 床垫

☐ c. 床单　　　　☐ d. 枕头

（3）金钱能购买美味的"食物"，却不能购买人的＿＿＿＿＿＿。

☐ a. 饮料　　　　☐ b. 食欲

☐ c. 电影　　　　☐ d. 游戏

（4）金钱能购买昂贵的"钟表"，却不能购买一去不返的＿＿＿＿＿＿。

☐ a. 飞机　　　　☐ b. 火车

☐ c. 轮船　　　　☐ d. 时间

（5）金钱能购买印刷精美的"书籍"，却不能购买终身受用的＿＿＿＿＿＿。

☐ a. 家具　　　　☐ b. 计算机

☐ c. 知识　　　　☐ d. 手表

（6）金钱能购买名贵的"药品"，却不能购买更为宝贵的＿＿＿＿＿＿＿。

　　□ a. 药材　　　　□ b. 健康

　　□ c. 补品　　　　□ d. 美食

（7）金钱能购买"安全"的居所，却不能购买心灵上的＿＿＿＿＿＿＿。

　　□ a. 自由　　　　□ b. 健康

　　□ c. 平安　　　　□ d. 盼望

（8）金钱能购买昂贵的"化妆品"，却不能购买逝去的＿＿＿＿＿＿＿。

　　□ a. 青春　　　　□ b. 回忆

　　□ c. 美梦　　　　□ d. 梦想

（9）金钱能购买多彩多姿的"娱乐"，却不能购买令人羡慕的＿＿＿＿＿＿＿。

　　□ a. 豪宅　　　　□ b. 幸福

　　□ c. 钻石　　　　□ d. 美貌

（10）金钱能购买"名誉"，却不能购买别人对你的＿＿＿＿＿＿＿。

　　□ a. 效劳　　　　□ b. 侍奉

　　□ c. 尊重　　　　□ d. 服从

（11）金钱能购买"感官"上的享受，却不能购买＿＿＿＿＿＿＿的满足。

　　□ a. 食欲　　　　□ b. 居住

　　□ c. 信息　　　　□ d. 心灵

（12）金钱能购买虚假的"婚姻"，却不能购买真正的＿＿＿＿＿＿＿。

　　□ a. 婚纱　　　　□ b. 钻石

　　□ c. 爱情　　　　□ d. 婚礼

（13）金钱能购买外在的"美丽"，却不能购买内在的＿＿＿＿＿＿＿。

　　□ a. 富有　　　　□ b. 美德

　　□ c. 享受　　　　□ d. 健康

三 你如何看待金钱

●假如舍弃下列其中一样宝贵的东西就能换取亿万财富，你会选择何者？请在适合的□加上√号（至少选一个答案）。

□ a. 生命　　□ b. 健康　　□ c. 眼睛　　□ d. 青春

□ e. 信仰　　□ f. 肢体　　□ g. 家庭　　□ h. 自由

□ i. 良知　　□ j. 亲情

你的理由是：

_____

你有什么领悟：

_____

四 金钱与时间的比较

（1）金钱与时间是人生的必需品，试根据它们的特性，在适合的空格内加上√号，不适合的加上×号。

特性	时间	金钱
可以增加		
可以减少		
可以借给他人		
失去后能寻回		
每个人拥有的都一样		
按一定的速度消失		
可以积累		
能被人偷走		
能免费给每个人		

（2）对于金钱，你有什么领悟？请在正确答案前的□加上√号（可选择多个答案）。

□ a. 努力积累　　　　□ b. 小心保存

□ c. 随意借给他人　　□ d. 不要浪费

□ e. 失去后必能寻回 　　 □ f. 必定会永远增加

□ g. 其他 ＿＿＿＿＿＿＿＿＿＿＿＿＿

五　谁更富有？

有一天，一位非常富有的父亲带着他的儿子到乡下旅行，希望儿子能体验一下乡下穷人的生活。他们在一个贫困的家庭住了几天。回程时，爸爸问儿子的感受如何、学到了什么。儿子回答说："我见到他们家有四只狗，但我们的家却只有一只；他们那里有一条望不到尽头的溪流，但我们的家只在花园里有一个泳池；他们那里的天空有无数的星星，而我们的家只有几盏灯；他们那里有一个广大的原野，但我们的家只有一个小小的院子；他们彼此照顾，而我们的家却只有佣人来服侍我们；他们能耕种自给自足，而我们却要购买食物；他们的朋友可以保护他们，而我们的家却只有高墙来保护我们。"听到儿子的话，父亲一言不发，之后儿子补充说："多谢你让我知道，我们有多么贫穷。"

（1）父亲为何带他的儿子到乡下旅行？请在正确答案前的□加上√号。

□a. 体验一下乡下的生活 　　 □b. 体验一下穷人的生活

□c. 体验一下农村的生活 　　 □d. 体验一下别人的生活

（2）儿子发现，他们家有四只狗，而自己的家却只有什么？请在正确答案前的□加上√号。

□a. 一只狗 　　 □b. 一只猫 　　 □c. 一只鸡 　　 □d. 一只兔

（3）儿子发现，他们那里有一条望不到尽头的溪流，而自己的家却只有什么？请在正确答案前的□加上√号。

□a. 一条小河 　　 □b. 一条溪涧

□c. 一个泳池 　　 □d. 一口水井

（4）儿子发现，他们那里的天空有无数的星星，而自己的家却只有什么？请在正确答案前的□加上√号。

□a. 几点光 　　 □b. 几颗星 　　 □c. 几片云 　　 □d. 几盏灯

（5）儿子发现，他们那里有一个广大的原野，而自己的家却只有什么？请在正确答案前的□加上√号。

□a. 一个小的阳台　　　□b. 一个小的院子

□c. 一个小的房子　　　□d. 一个小的走廊

（6）儿子发现，他们彼此照顾，而自己却只有什么人来服待？请在正确答案前的□加上√号。

□a. 佣人　　　□b. 亲人　　　□c. 家人　　　□d. 女人

（7）儿子发现，他们能靠耕种来自给自足，而自己却只能做什么？请在正确答案前的□加上√号。

□a. 贮存食物　　　□b. 交换食物

□c. 找寻食物　　　□d. 购买食物

（8）儿子发现，他们有朋友可以保护他们，而自己的家却只有什么来保护自己？请在正确答案前的□加上√号。

□a. 警卫　　　□b. 高墙　　　□c. 猎犬　　　□d. 家人

（9）儿子懂得什么才是富有？请在正确答案前的□加上√号（可选择多个答案）。

□a. 接触大自然　　　□b. 内心平安

□c. 家人彼此照顾　　　□d. 可贵的友情

□e. 自给自足　　　□f. 无尽的金钱

□g. 豪华的大宅　　　□h. 宽阔的泳池

第1课　学习重点

❀金钱虽然是生活的必需品，但它并不是万能的。

❀拥有金钱并不等于成功、快乐及受别人尊重。

❀金钱的特性包括：可以增加、减少及积累；能被人偷走及借给他人；失去后能再寻回。

❀人生的财富不是只有金钱，还有家庭、健康、快乐、自由、友情及内心平安等。

第 2 课

金钱管理

如果有可支配的金钱，就会富裕而自由；如果金钱支配我们，是真正的贫穷。

"金钱管理"对于现代社会每一个人来说，是非常重要的。可以说，学会金钱管理，是建立幸福生活的基础。

一 何谓金钱管理？

金钱管理即是学习如何：1.赚取（Earn）；2.花费（Spend）；3.储蓄（Save）；（4）投资（Invest）；5.保护（Protect）；6.控制（Control）；7.分享（Share）。金钱管理的目的是通过聪明运用金钱，使我们达到"财务自由"（Financial Freedom）。

（1）何谓"赚取"金钱？请在正确答案前的□加上√号。

　　□ a. 通过工作来获得金钱

　　□ b. 通过赌博来获得金钱

　　□ c. 通过变卖家产来获得金钱

　　□ d. 通过借贷来获得金钱

（2）何谓"花费"金钱？请在正确答案前的□加上√号。

　　□ a. 通过金钱精明地购买任何产品或服务

　　□ b. 通过金钱故意地购买任何产品或服务

　　□ c. 通过金钱精明地购买需要的产品或服务

　　□ d. 通过金钱随意地购买任何产品或服务

（3）何谓"储蓄"金钱？请在正确答案前的□加上√号。

　　□ a. 将赚取的金钱减除利息所剩下的金钱

　　□ b. 将赚取的金钱减除捐献所剩下的金钱

　　□ c. 将赚取的金钱减除损失所剩下的金钱

　　□ d. 将赚取的金钱减除花费所剩下的金钱

（4）何谓"投资"金钱？请在正确答案前的□加上√号。

　　□ a. 将金钱作为工具而获取更多的金钱

　　□ b. 将金钱作为工具而获取更多的利息

　　□ c. 将金钱作为工具而获取更多的物业

　　□ d. 将金钱作为工具而获取更多的黄金

（5）何谓"保护"金钱？请在正确答案前的□加上√号。

　　□ a. 将自己的金钱放在安全的地方
　　□ b. 将自己的金钱交给别人看管
　　□ c. 将自己的金钱存进银行
　　□ d. 使自己的金钱免受损失

（6）何谓"控制"金钱？请在正确答案前的□加上√号。
　　□ a. 通过赚钱和投资等工具来掌握金钱的流动
　　□ b. 通过预算及记录等工具来掌握金钱的流动
　　□ c. 通过赚钱和花钱来掌握金钱的流动
　　□ d. 通过投资和损失来掌握金钱的流动

（7）何谓"分享"金钱？请在正确答案前的□加上√号。
　　□ a. 用金钱帮助其他负债的人
　　□ b. 用金钱帮助其他善良的人
　　□ c. 用金钱帮助其他有需要的人
　　□ d. 用金钱帮助其他年老的人

（8）何谓"财务自由"？请在正确答案前的□加上√号。
　　□ a. 能够支配金钱及成为它的主人，并且不再为自由而烦恼
　　□ b. 能够支配金钱及成为它的主人，并且不再为金钱而烦恼
　　□ c. 能够支配金钱及成为它的主人，并且不再为朋友而烦恼
　　□ d. 能够支配金钱及成为它的主人，并且不再为健康而烦恼

二　我的一生

　　在20世纪90年代，美国保险公会经过长达20年的研究，发表了一些很惊人的统计数据：美国人终其一生，工作40年到退休年龄之后，每100人中仅有1人成为巨富；4人成为有钱人；5人退休后需再度工作才能维持生计；12人宣布破产；29人已经死亡；49人需要社会救济。

（1）到退休年龄后，每100个美国人中，有多少人成为巨富？请在正确答案前的□加上√号。

　　□ a. 1人　　　　　　□ b. 2人
　　□ c. 3人　　　　　　□ d. 4人

（2）到退休年龄后，每100个美国人中，有多少人成为有钱人？请在正确答案前的□加上√号。

　　□ a. 1人　　　　　　□ b. 2人
　　□ c. 3人　　　　　　□ d. 4人

（3）到退休年龄后，每100个美国人中，有多少人要再度工作？请在正确答案前的□加上√号。

　　□ a. 3人　　　　　　□ b. 4人
　　□ c. 5人　　　　　　□ d. 6人

（4）到退休年龄后，每100个美国人中，有多少人宣布破产？请在正确答案前的□加上√号。

　　□ a. 10人　　　　　　□ b. 11人
　　□ c. 12人　　　　　　□ d. 13人

（5）到退休年龄后，每100个美国人中，有多少人需要社会救济？请在正确答案前的□加上√号。

　　□ a. 39人　　　　　　□ b. 49人
　　□ c. 59人　　　　　　□ d. 69人

（6）到退休年龄后，每20人当中，只有多少人不再为钱烦恼，并且无需再继续工作？请在正确答案前的□加上√号。

　　□ a. 1人　　　　　　□ b. 2人
　　□ c. 3人　　　　　　□ d. 4人

（7）你如何为将来的退休做准备？请在正确答案前的□加上√号（可选择多个答案）。

　　□ a. 努力赚钱　　　　□ b. 努力花费

□ c. 储蓄金钱　　　□ d. 精明花费

□ e. 借贷金钱　　　□ f. 精明投资

□ g. 捐赠金钱　　　□ h. 控制金钱

□ i. 损失金钱　　　□ j. 保护金钱

三　理财能力小测试

● 以下的题目将有助于判断你是否拥有初步的金钱管理知识和概念，请诚实作答，并在适合的□加上√号。

	是	有时	不是
（1）我时常彻底地花掉所有零用钱。	□	□	□
（2）我花钱无目的、没有计划。	□	□	□
（3）我认为储蓄并不重要。	□	□	□
（4）我认为只要有父母，就永远有钱。	□	□	□
（5）我时常把钱花在不重要的事情上。	□	□	□
（6）我没有记录花费的习惯。	□	□	□
（7）我崇尚名牌、相信广告的内容。	□	□	□
（8）我时常预支零用钱来消费。	□	□	□
（9）我时常因价钱便宜而购入不必要的物品。	□	□	□
（10）购物时，我从不会到不同的店铺比较价钱。	□	□	□
（11）我会因选择高质量而不理会价钱是否合理。	□	□	□
（12）我时常无法自费购买父母的生日礼物。	□	□	□
（13）我遇到心爱的东西就会马上购买。	□	□	□
（14）我从未自愿捐款给慈善机构。	□	□	□
（15）我没有想过父母的钱是怎样来的。	□	□	□

是（1分）　有时（2分）　不是（3分）

我的分数是：_____

15-25分，表示你未能够明确掌握基本的金钱管理知识和概念。

26-35分，表示你掌握金钱管理知识和概念的程度一般。

36-45分，表示你能掌握基本的金钱管理知识和概念。

第 2 课　学习重点

✤金钱管理即是学习：1.赚取（Earn）；2.花费（Spend）；3.储蓄（Save）；4.投资（Invest）；5.保护（protect）；6.控制（Control）；7.分享（Share）金钱的知识。

✤达到财务自由就能成为金钱的主人，并无须再为金钱而烦恼。

✤认识自己的金钱管理能力，并不断地改进以达到财务自由。

第 **3** 课
赚取金钱（一）

金钱不是万恶之源，贪婪才是万恶之源。

······································

> 虽然金钱能购买很多东西，但贪婪会沦为金钱的奴隶，甚至用不当的行为来赚取金钱，最终导致万劫不复的结果。

一 钱从什么地方来？

大多数的小朋友及青年人都是跟父母亲拿零用钱，但你们是否想过父母亲的钱是从哪里来的？虽然赚钱的方式有很多种，但最基本的形式，就是"工作"。因为在工作中常会遇到许多的艰辛和挑战，所以工作换得的金钱就显得格外珍贵。

（1）下列人物为社会贡献什么来换取金钱？请在正确答案前的□加上√号。

A. 警察

　　□ a. 维持社会的治安
　　□ b. 维持法庭的治安
　　□ c. 维持监狱的治安
　　□ d. 维持学校的治安

B. 医生

　　□ a. 替病人建立自信
　　□ b. 替病人实现梦想
　　□ c. 替病人医治疾病
　　□ d. 替病人找寻失物

C. 司机

　　□ a. 运送乘客或货物行李到达目的地
　　□ b. 运送行李或运送货物到达目的地
　　□ c. 运送宠物或运送货物到达目的地
　　□ d. 运送病人或运送衣物到达目的地

D. 厨师

　　□ a. 为顾客烹调美味的早餐
　　□ b. 为顾客烹调美味的蔬菜
　　□ c. 为家人烹调美味的早餐
　　□ d. 为顾客烹调美味的食物

E. 老师

　　□ a. 戒除学生的各种恶习
　　□ b. 教授学生各种知识
　　□ c. 教授学生歌曲

□ d. 教授学生生存本领

F. 法官

　　□ a. 为市民主持公道

　　□ b. 为高官主持公道

　　□ c. 为政府主持公道

　　□ d. 为富人主持公道

G. 作家

　　□ a. 撰写各类科技新发展供朋友阅读

　　□ b. 撰写各类新闻稿供同事阅读

　　□ c. 撰写文章或书本供读者阅读

　　□ d. 撰写各类经济分析供上司阅读

H. 建筑师

　　□ a. 设计创新、有效的新课程

　　□ b. 设计精致、有趣的新产品

　　□ c. 设计安全、实用的新机器

　　□ d. 设计实用、美丽的建筑物

（2）上述的那些人需要付出什么来换取金钱？请在正确答案前的口加上√号。

□ a. 付出自己的时间及劳力

□ b. 付出自己的生命及智慧

□ c. 付出自己的自由及良知

□ d. 付出自己的青春及信心

（3）对于上述的例子，你领悟了什么？请在正确答案前的口加上√号。

□ a. 天下没有不劳而获的事情，我们要先有收获才能付出

□ b. 天下没有不劳而获的事情，我们要先付出才能有收获

□ c. 天下没有不劳而获的事情，我们不可以先付出而没有收获

□ d. 天下没有不劳而获的事情，我们不可以先收获而没有付出

二 活动建议：认识父母的工作

职业不分贵贱，每一种行业都有它们的贡献，并能帮助社会维持正常的运作。因此，请试着了解父母每天在做些什么，借此了解工作的真正意义：认真、负责地去完成一件对社会有益的事。

● 你有什么发现？（例如：父母的工作环境、职责、工作时间等。）

我的想法：＿＿＿＿＿＿＿＿＿＿＿＿＿＿＿＿＿＿＿＿＿＿＿＿＿＿＿＿＿

＿＿＿＿＿＿＿＿＿＿＿＿＿＿＿＿＿＿＿＿＿＿＿＿＿＿＿＿＿＿＿＿＿＿＿

（"工作"就是人生的价值、人生的欢乐，也是人生幸福之所在。）

三 "工作"所代表的意义

有一位铁匠，他的工作态度总是一丝不苟，所以打造的铁链都很牢固。有一次，他打造的一条巨链被装在一艘大轮船上作为锚链。在一个风急浪高的夜晚，船上其他的锚链都禁不住风浪而被拉断了，但那铁匠打造的铁链却坚如磐石，像巨手般紧紧地拉住船，不但防止了轮船被冲到礁石上，也保住了全船一百多位船员及乘客的性命。当风浪过后，全船的人都非常感激那位铁匠。从此，那位铁匠闻名全国，并且卖出非常多的铁链。

（1）铁匠的工作是什么？请在正确答案前的□加上√号。

  □ a. 打造坚固的钢链 □ b. 打造坚固的锚链

  □ c. 打造坚固的铁链 □ d. 打造坚固的磐石

（2）铁匠的工作态度如何？请在正确答案前的□加上√号。

  □ a. 一尘不染 □ b. 一成不变

  □ c. 一鼓作气 □ d. 一丝不苟

（3）当其他的锚链都被拉断后，那铁匠所打造的铁链如何？请在正确答案前的□加上√号。

☐ a. 坚如磐石　　　　☐ b. 不堪一击

☐ c. 失去效用　　　　☐ d. 被拉断了

（4）为何铁匠卖了那么多的铁链？请在正确答案前的☐加上√号。

☐ a. 他的铁链被用作锚链

☐ b. 他全国闻名

☐ c. 全船人的感激

☐ d. 他认真做好自己的工作

（5）铁匠的工作代表了什么意义？请在正确答案前的☐加上√号（可选择多个答案）。

☐ a. 证明自己比其他人优越

☐ b. 赚取报酬来过奢华生活

☐ c. 发挥自己的技能来获取满足感

☐ d. 贡献社会来证明自己的价值

☐ e. 努力工作来使自己全国闻名

☐ f. 赚取报酬来维持家庭生活

☐ g. 获取别人的感激

☐ h. 其他＿＿＿＿＿＿＿＿＿＿＿＿＿

四　第一个工作经验：做家务

　　当你从父母那里得到零用钱时，你要了解这并不是父母理所当然要给你的，更不是该给你一辈子的。身为家庭的一分子，你应该做好自己分内的事情——整理自己的书包及床铺、温习课业及清理桌子等。此外，你也可做一些本来应花钱雇人来完成的工作，借此学习"一分耕耘，一分收获"的道理来赚取外快，因为这是现实世界的谋生法则。

必须做的工作和额外工作：

●请在必须做的工作（无报酬）后的括号加上×号，而在额外工作（有报酬）后的括号加上√号。

铺床　　　（　）　　洗碗碟　　（　）　　洗车　　（　）

温习课本 （　　）	倒垃圾 （　　）	完成功课 （　　）
花园除草 （　　）	传递文件 （　　）	扫地 （　　）
吸尘 （　　）	搬运货品 （　　）	洗窗户 （　　）
清洁浴室 （　　）	文件归档 （　　）	清洁地板 （　　）
整理储物室（　　）	洗家人衣服（　　）	叠衣服 （　　）
修补墙纸 （　　）	修理水管 （　　）	装修家 （　　）
发宣传单 （　　）		

★ 别让额外工作打扰你的休息、温习时间及必须完成的家务，并须注意安全。

五　父母的礼物

（1）下列是父母为你做的事情，哪些是"免费"的？请在项目前的□加上√号（可选择多个答案）。

□ a. 教育　　　　　　□ b. 衣服

□ c. 教导　　　　　　□ d. 医疗

□ e. 娱乐　　　　　　□ f. 接送

□ g. 食物　　　　　　□ h. 居住

（2）父母为你做的事情，你应该有什么回应？请在正确答案前的□加上√号（可选择多个答案）。

□ a. 感谢父母　　　　□ b. 尊重父母

□ c. 孝顺父母　　　　□ d. 忘记父母

□ e. 体谅父母　　　　□ f. 关心父母

□ g. 原谅父母

第 3 课　学习重点

❀ 金钱是通过为社会作出贡献的"工作"来换取的。

❀ 工作代表赚取金钱维持家计、发挥自己的专长及贡献社会。

❀ 我们可通过额外工作来赚取外快，了解真实世界的生存法则。

❀ 父母为我们"免费"做了许多事情，我们应该感谢、尊重、孝敬及体谅他们。

第 **4** 课
赚取金钱（二）

应该以正当的方法赚取金钱，慎重地使用金钱。

你的收入状况如何？除了零用钱、红包及额外的家务报酬之外，未来也可利用长假或空闲时间，在家庭以外的地方寻求赚钱的机会。试着运用观察力来发现社区内的需要，并借此开创自己的"事业"。这样做不但有趣，更能赚取零用钱，还可以为自己积累一个绝佳的学习经验。

一 Levis牛仔裤的故事

1850年，美国西部出现了淘金热潮。那年，年仅19岁的德国移民李维也加入了这股发财的狂潮。但是，当他看到成千上万的淘金者都来到旧金山时，却激发了他的另一个想法：淘金固然能赚大钱，但为淘金者提供生活用品也是一门赚钱的生意。于是，他决定开设一家销售日用百货的小商店。而后，他发现淘金工人所穿的普通裤子，因整天和泥水打交道而容易磨损，于是，他便使用帆布为工人缝制裤子，而这些结实耐磨的牛仔裤便成为淘金工人争相购买的抢手货。这就是世界上最早的牛仔裤，而自此兴起的牛仔装热潮风行全球，李维更因此攀上了致富的巅峰。

（1）1850年，美国西部发现哪些贵重的物品？请在正确答案前的□加上√号。

　　□ a. 钻石　　　　□ b. 黄金　　　□ c. 白金　　　□ d. 玉石

（2）当成千上万的淘金者都来到旧金山时，李维有了什么想法？请在正确答案前的□加上√号。

　　□ a. 为淘金者提供书写用品　　　□ b. 为淘金者提供生活用品
　　□ c. 为淘金者提供清洁用品　　　□ d. 为淘金者提供旅行用品

（3）李维发现淘金工人所穿的裤子有什么缺点？请在正确答案前的□加上√号。

　　□ a. 容易弄脏　　　□ b. 容易变色　　　□ c. 容易脱落　　　□ d. 容易磨损

（4）李维如何改善淘金工人所穿的裤子？请在正确答案前的□加上√号。

　　□ a. 用帆布为工人缝制结实耐磨的牛仔裤
　　□ b. 用棉布为工人缝制结实耐磨的牛仔裤
　　□ c. 用绒布为工人缝制结实耐磨的牛仔裤
　　□ d. 用麻布为工人缝制结实耐磨的牛仔裤

（5）这些牛仔裤导致什么热潮兴起？请在正确答案前的□加上√号。

　　□ a. 牛仔裤热潮兴起，并且风行全美
　　□ b. 牛仔装热潮兴起，并且风行全美
　　□ c. 牛仔装热潮兴起，并且风行全球

　　□ d. 牛仔裤热潮兴起，并且风行全球

（6）李维致富的原因是什么？请在正确答案前的□加上√号。

　　　□ a. 发现机会，为工人提供生活用品

　　　□ b. 发现热潮，为工人提供热门货

　　　□ c. 发现金矿，掌握了这个发现机会

　　　□ d. 发现机会，满足了淘金者的需要

二　如何开拓生意？

> 　　世界上大多数的企业家，都因对某些事物的热情而建立起自己的事业。此外，他们在年幼时，就能掌握赚钱的原则及创业的经验。现在，请你试着发挥专长及兴趣，并利用自己敏锐的观察力，去感受你所居住的社区有什么需要。

（1）世界上大多数的企业家，都因什么而建立起自己的事业？请在正确答案前的□加上√号。

　　　□ a. 兴趣　　　□ b. 热情　　　□ c. 擅长　　　□ d. 经验

（2）开拓生意需要根据什么重要的因素？请在正确答案前的□加上√号。

　　　□ a. 热情和兴趣　　　　　□ b. 擅长和热情

　　　□ c. 性格和热情　　　　　□ d. 兴趣和擅长

（3）开拓生意需要留意社区的什么情况？请在正确答案前的□加上√号。

　　　□ a. 环境　　　□ b. 人口　　　□ c. 设施　　　□ d. 需要

（4）做生意不但是一个发挥自己才能的好机会，并且能从中得到乐趣、经验和报酬。下列有一些范例供你参考，你亦可以把想到的其他点子写下来。

　　　照顾动物、做小首饰、写故事书、教授乐器、天才表演、钟点保姆、卖小食品、买卖旧书、洗车、教授计算机、设计软件、园艺、资料搜集、教授语言、送报纸、帮学生补习……

　　　我的点子：＿＿＿＿＿＿＿＿＿＿＿＿＿＿＿＿＿＿＿＿＿＿＿

三 我的小型创业计划

一个人的智慧和潜能，在实践中才可能产生。现在，你即将管理一门小生意，而这个经验对你来说，是非常有益的。为了帮助你起步，下列是一个小小企业家的创业计划，表中列出的每一个问题都要仔细考虑并作出回答。你要对整个项目全身心投入，并牢记这一次美好的经历。

小型创业计划书

● 我所选择的项目：

_____

● 我的目标客户是哪些人？

_____

● 我需要哪些资源（如工具、器材……）？这些资源需要多少投资？

_____

● 我如何宣传自己的服务或产品？

_____

● 我的竞争对手是哪些人？

_____

● 我的服务收费如何？我的预期收入如何？

_____

第4课 学习重点

❀ 做生意最关键的重点是：满足顾客的需求、为顾客解决问题。

❀ 要因自己的"才能"及"兴趣"来提供适合的产品或服务。

❀ 创业计划书有助于了解创业的步骤。

第 **5** 课
使用金钱（一）

留意小花费；小漏洞也足以造成大船沉没。

虽然你无须负担生活开支，因为衣食住行等必需品均由父母一手包办；但若你有充足的零用钱或其他收入，却无法在支出方面进行有效的控制，那么再多的金钱恐怕也不够用。因此，你要学习如何谨慎及明智地使用金钱，不要养成胡乱花费的坏习惯，因为这些金钱都是父母辛苦工作赚取的，每一分钱里都凝聚了他们辛勤的汗水。此外，将来你自食其力时，良好的消费习惯也能帮助你适应生活中的财务需求。

一 你是消费者

● 如果你曾经购物，那么你就是消费者，消费者就是购买商品或服务的人，他们付完钱后便得到所需的商品或服务。下列是一些青少年的主要消费项目，请在你会购买的东西前的□加上√号。

□ a.零食／食物　　　　　　　□ b.衣服及装饰品

□ c.书、杂志和漫画　　　　　□ d.礼物

□ e.文具　　　　　　　　　　□ f. CD唱片

□ g.电子游戏、玩具和贴纸等　□ h.运动鞋及其他鞋子

□ i.交通费　　　　　　　　　□ j.电影及卡拉OK等娱乐

□ k.其他＿＿＿＿＿＿＿＿＿＿＿

二 "需要"或"想要"

　　为了明智地使用金钱，避免被购买欲所牵制，我们必须认清"需要"和"想要"的分别。需要：解决我们生活上的基本开支，例如食物、教育及衣服等费用。想要：对生活品质的追求，而不是我们生存的必需品，例如各类奢侈品。

（1）请分辨下列支出是"需要"或"想要"，并在正确的空格内加上√号。

	需要（必要开支）	想要（非必要开支）
校服		
书包		
书包上的设计装饰		
皮鞋		
名贵皮鞋		
乘校车上学		
乘出租车上学（非紧急）		
午餐		
甜品		
零食		

漫画、休闲杂志		
学习英语		
学习小提琴		
教科书		
煤气费		
文具		
贴纸		

（2）我们应如何处理"需要"和"想要"的开支？请在正确答案前的□加上√号。

　　□ a.先花钱用在较重要的"需要"的开支上，有余才花在"想要"的开支上

　　□ b.先花钱用在较重要的"想要"的开支上，有余才花在"需要"的开支上

　　□ c.同时花钱在"需要"和"想要"的开支上

　　□ d.根据个别情况而定

三　明智购物

> 　　假如你想买一包糖果，你可以马上就去买，因为糖的价格便宜，花不了多少钱，所以是一个简单的决定。若你打算购买一些会花掉你很多钱的昂贵产品，如球鞋或电子游戏机，你必须学会利用你的钱来购买"物有所值"的产品，因为不明智的决定会浪费你不少钱。以下是帮助自己成为精明消费者的购物步骤：
>
> 　　第一步：考虑购买
>
> 　　第二步：调查产品
>
> 　　第三步：购物比较
>
> 　　第四步：购买产品

（1）何谓"明智购物"？请在正确答案前的□加上√号。

　　□ a. 充分利用金钱来购买设计新颖的产品

　　□ b. 充分利用金钱来购买价格便宜的产品

　　□ c. 充分利用金钱来购买物有所值的产品

　　□ d. 充分利用金钱来购买价格昂贵的产品

（2）"明智购物"能给你带来什么好处？请在正确答案前的□加上√号。

□ a. 投资更多金钱　　　　　□ b. 赚取更多金钱

□ c. 花费不少金钱　　　　　□ d. 节省不少金钱

（3）精明消费有几个步骤？请在正确答案前的□加上√号。

□ a. 3　　　　□ b. 4　　　　□ c. 5　　　　□ d. 6

（4）当你打算购买昂贵的产品时，应该考虑哪些问题？请在正确答案前的□加上√号（可选择多个答案）。

□ a. 产品寿命多久　　　　　□ b. 何时会用到这类产品

□ c. 为什么要买　　　　　　□ d. 产品的用途是什么

□ e. 产品的使用率有多高　　□ f. 产品的流行程度

□ g. 何时购买较划算　　　　□ h. 其他 ＿＿＿＿＿＿＿＿

（5）当你已决定购买某类产品时，你应调查哪些方面？请在正确答案前的□加上√号（可选择多个答案）。

□ a. 别人的评论和口碑　　　□ b. 产品的广告是否吸引人

□ c. 有哪些不同的生产厂商　□ d. 产品的原产地

□ e. 每个生产商的产品优点　□ f. 各种品牌的价格

□ g. 产品的保养及维修　　　□ h. 其他 ＿＿＿＿＿＿＿＿

（6）当你已决定购买某品牌的产品时，你应比较哪些项目？请在正确答案前的□加上√号（可选择多个答案）。

□ a. 各商店的价格比较

□ b. 各商店的售后服务

□ c. 各商店的地点

□ d. 销售渠道，如网上店铺及零售商店

□ e. 销售人员的礼貌及产品知识

□ f. 销售人员的美貌及打扮

□ g. 销售人员的性别及年龄

□ h. 其他 ＿＿＿＿＿＿＿＿＿

（7）当你决定从某一商店购买产品时，你应该考虑哪些要点？请在正确答案

前的□加上√号（可选择多个答案）。

□ a. 产品的退货条件　　　　□ b. 检查产品的配件是否齐全

□ c. 测试产品　　　　　　　□ d. 是否有其他优惠

□ e. 保修证　　　　　　　　□ f. 完整收据或发票

□ g. 产品的包装　　　　　　□ h. 其他 _____

四 练习

（1）玩具车每部50元，若八五折优惠，则应付多少元？请在正确答案前的□加上√号。

□ a. 40元　　　□ b. 42.50元　　□ c. 45元　　　□ d. 47.50元

（2）T恤第一件400元，第二件半价，若买2件应付款多少？请在正确答案前的□加上√号。

□ a. 600元　　□ b. 605元　　□ c. 700元　　□ d. 750元

（3）巧克力每6包150元，那么，每包的售价是多少？请在正确答案前的□加上√号。

□ a. 40元　　　□ b. 35元　　　□ c. 30元　　　□ d. 25元

（4）薯片原价每包25元，现在买4包送1包，共付100元，那么，每包平均售价是多少元？请在正确答案前的□加上√号。

□ a. 20元　　　□ b. 25元　　　□ c. 30元　　　□ d. 35元

● 下列是一款手提电话的产品比较表

＊ 表格顶端列出品牌的名称，左边列出重要的考虑因素。评分方法：1~5分，5为最好，1为最差。

考虑因素＼品牌	W	X	Y	Z
价格	5	3	4	3
款式	4	5	2	1
操作	5	4	2	4
功能	4	2	4	4

体积	1	4	5	3
颜色	4	3	4	4
保养	5	5	3	2
总分	28	26	24	21

（5）根据上表，哪一个品牌的价格最便宜？请在正确答案前的□加上√号。

　　□ a. W　　　　□ b. X　　　　□ c. Y　　　　□ d. Z

（6）根据上表，哪一个品牌的体积最轻巧？请在正确答案前的□加上√号。

　　□ a. W　　　　□ b. X　　　　□ c. Y　　　　□ d. Z

（7）根据上表，哪一个品牌的款式最新颖？请在正确答案前的□加上√号。

　　□ a. W　　　　□ b. X　　　　□ c. Y　　　　□ d. Z

（8）根据上表，哪一个品牌最值得购买？请在正确答案前的□加上√号。

　　□ a. W　　　　□ b. X　　　　□ c. Y　　　　□ d. Z

（9）当你选择购买球鞋时，应该考虑哪些因素？请在正确答案前的□加上√号（可选择多个答案）。

　　□ a. 价格　　　　　　　　□ b. 舒适度

　　□ c. 颜色　　　　　　　　□ d. 款式

　　□ e. 质地　　　　　　　　□ f. 产地

　　□ g. 明星推荐　　　　　　□ h. 其他 _____

第5课　学习重点

❀先购买真正"需要"的东西，然后再考虑购买"想要"的东西。

❀明智购物即是充分利用金钱来购买"物有所值"的产品。

❀明智购物的四个步骤：1.考虑购买；2.调查产品；3.购物比较；4.购买产品。

❀购买前应知道产品的真正售价，并对产品作出全面的分析。

第 6 课

使用金钱（二）

怎样的教育方式会让孩子有一个悲惨的将来？那就是任何时候都让他得到他想要的东西。

在这个消费的时代里，我们每天都可以看到各种不同的广告。无论是电视、杂志、报纸、公交车及网络上，都有广告的存在。我们处在广告的洪流中，便容易被它们所左右。因此，我们要培养正确的消费观及自我克制力，不能被广告所迷惑。

一 何谓 "广告"

"广告"即是由商品或服务的销售者付费给媒体代为传播之信息。一般而言，广告都是一些说服消费者、催促消费者购买，改变消费者的态度和看法的信息，其最终目的就是引导消费者去 "消费"。因此，"广告" 经常与人类的虚荣、好奇、梦想、希望、贪小便宜、担心等心理相关。

（1）一般而言，"广告" 的内容包含哪些信息？请在正确答案前的□加上√号（可选择多个答案）。

□ a. 催促购买 　　　□ b. 诱导别人

□ c. 惩罚别人 　　　□ d. 说服别人

□ e. 启发别人 　　　□ f. 改变别人

□ g. 减少购买 　　　□ h. 放弃别人

（2）"广告" 的最终目的是引导消费者做什么？请在正确答案前的□加上√号。

□ a. 消闲 　　□ b. 休息 　　□ c. 反思 　　□ d. 消费

（3）"广告" 经常与人类的哪些心理现象有关？请在正确答案前的□加上√号（可选择多个答案）。

□ a. 担心 　　　□ b. 梦想

□ c. 希望 　　　□ d. 愤怒

□ e. 好奇 　　　□ f. 惊恐

□ g. 虚荣 　　　□ h. 贪心

二 "广告" 的真面目

大部分的消费行为，都是被读到、看到或听到的大众传播信息所左右。因此，各类商品广告便利用不同形式、手法来引诱消费者不停地购买，无论你是否有需要，或有没有足够的金钱。所以，我们一定要擦亮眼睛，不要被动听的广告词所迷惑，不要掉进消费广告的陷阱，以免被别人牵着鼻子走。

●下列是一些广告常用的手法，请认真思考，找出其值得"考虑"及"反驳"之处。在正确答案前的□加上√号（可选择多个答案）。

（1）名人推荐

　　□ a. 名人是否是自己所崇拜的偶像

　　□ b. 名人是否使用过该产品

　　□ c. 名人是否美丽出众

　　□ d. 名人只是收取酬劳来推荐该产品

　　□ e. 产品对名人有帮助，是否对我一定有用

　　□ f. 名人是否对该产品有专业知识

（2）这产品是最好的

　　□ a. 有什么证据　　　　□ b. 好在哪里

　　□ c. 谁能证明　　　　　□ d. 包装是否吸引人

　　□ e. 有哪些人用过　　　□ f. 品牌是否容易识别

（3）赶时髦及跟上潮流

　　□ a. 是否迎合人们的一窝蜂心态

　　□ b. 质量是否优良

　　□ c. 价钱是否合理

　　□ d. 热潮是否很快消逝

　　□ e. 是否能永远时髦

　　□ f. 产品是否有实用价值

（4）营造温馨美丽的气氛，例如，在风景如画的地方饮用该饮品

　　□ a. 产品的好处与所营造的环境有什么关系

　　□ b. 产品是否有丰富的营养价值

　　□ c. 产品是否在风景如画的地方生产

　　□ d. 产品是否来自风景如画的国家

　　□ e. 饮用该饮品是否能营造温馨美丽的气氛

　　□ f. 是否需要在风景如画的地方享用此饮品

（5）顺口的广告歌或标语

　　□ a. 歌词是否容易记忆

□ b. 标语是否容易辨认

□ c. 是否有具体的产品信息

□ d. 产品是否有明显的优点

□ e. 歌曲是否由著名歌星演唱

□ f. 标语是否顺口流畅

（6）夸张的表现手法，例如，篮球明星穿着名牌运动鞋所发挥的超人技术

□ a. 那双运动鞋的质地是否优良

□ b. 那位篮球明星的名气如何

□ c. 穿着那种运动鞋是否可以做那些动作

□ d. 那位篮球明星要练习多久才学会那些技术

□ e. 那位篮球明星是否是我所崇拜的

□ f. 那位篮球明星是否来自美国

（7）最低价及最便宜

□ a . 是否全部产品是最低价

□ b. 有什么证据

□ c. 哪些产品是最低价

□ d. 产品是否能满足自己的需要

□ e. 产品是否因过时才便宜

□ f. 买便宜货是否会降低身份

（8）大赠送、加量优惠及抽奖等促销手法

□ a. 那些物品的减价是否有期限

□ b. 那些物品是否是必需品

□ c. 优惠期是否有特别限制或条件

□ d. 中奖的概率如何

□ e. 东西加量之后是否能够在有效期内将它用完

□ f. 那些产品的售价是否已经增加

（9）名牌效应

□ a. 品牌的广告是否吸引人

□ b. 品牌的代言人是否是自己的偶像

□ c. 使用名牌是否是身份和高贵的象征

□ d. 去除品牌后的产品是否仍然质量优良

□ e. 名牌产品的设计是否优良

□ f. 品牌的原产地是否是自己喜爱的国家

（10）有趣、可爱的感受，例如，用卡通人物作为商标

□ a. 附有卡通人物的用品是否物有所值

□ b. 附有卡通人物的用品与质量有什么关系

□ c. 附有卡通人物的用品与耐用有什么关系

□ d. 附有卡通人物的用品是否能增加自己的满足感

□ e. 附有卡通人物的用品是否质量特别好

□ f. 附有卡通人物的用品是否能使自己永远开心

（11）获奖的产品：

□ a. 颁奖的机构　　　□ b. 获奖的年份

□ c. 获奖的项目　　　□ d. 颁奖的人物

□ e. 颁奖的地点　　　□ f. 奖项的设计

三 "相对价值"

所谓"相对价值"，就是当你衡量一件东西的价值时，以你或别人要花费的"时间"和"劳力"来衡量，它让你在做购买决定时，更清楚你所付出的代价及你是否做了一个聪明的消费决定。

（1）要购买一双3000元的运动鞋，对每周只能储蓄60元零用钱的小孩来说，需要花多长的时间才能存够费用？请在正确答案前的□加上√号。

□ a. 40周　　□ b. 50周　　□ c. 60周　　□ d. 80周

（2）要购买一部6000元的游戏机，对兼职每小时只能赚取60元报酬的哥哥来说，他需要工作多长时间？请在正确答案前的□加上√号。

□ a. 80小时　　　　□ b. 90小时

□ c. 100小时　　　□ d. 110小时

（3）要购买一个3000元的手袋，对每天有300元工资的妈妈来说，她需要工作多少天？请在正确答案前的□加上√号。

□ a. 7天　　　□ b. 8天　　　□ c. 9天　　　□ d. 10天

四 "冲动购物"

　　当你遇到心爱的东西时，你是否会马上购买？你是否时常购买一些本来没有打算买的东西？你是否经常忍不住买下一些不常使用、不切实际的东西？如果你常有类似的经验，那么，你可能是一位"冲动购物者"。冲动购物者常常在不知不觉间浪费宝贵的金钱，比别人容易花光积蓄。

● 下列是一些帮助我们避免"冲动购物"的方法，请在有效方法前的□加上√号（可选择多个答案）。

　　□ a. 不要在第一眼看到产品时便立即购买，先走开一下、想一想

　　□ b. 至少到三家商店比较价格

　　□ c. 仔细想想那是"想要"还是"需要"的东西

　　□ d. 购物前列出清单，并只买清单上的物品

　　□ e. 预算一下金额，然后按预算来花费

　　□ f. 身上只带足够买计划中物品的现金

　　□ g. 订立储蓄的目标，并且严格执行

　　□ h. 不要盲目地和别人比较，更不要超出自己的经济能力购买东西

第6课　学习重点

❀ "广告"的最终目标是通过媒体宣传来说服消费者"花钱"。

❀ 购买东西时要考虑质量、耐用性、实用性及价格等，不要被广告所迷惑。

❀ "相对价值"是以付出的"时间"和"劳力"来衡量一件物品的价值。

❀ "冲动购物"会浪费我们宝贵的金钱，所以要运用适合自己的方法来避免。

第 7 课
储蓄金钱（一）

宝贵的财富是由持续不断的积累而来的。

··

> 　　财富就像一棵大树，都是从一粒细小的种子发育而成的 ;你所储存的每一分钱，都是你财富之树的种子。如果你能持续不断地储存金钱、一心一意地去灌溉你的财富之树，这粒种子将会快速成长，不久，你就能在财富的树荫下悠然自得。

一 洛克菲勒的故事

美国石油大王约翰·洛克菲勒（John Rockefeller）是全世界第一个拥有10亿美元的富翁，也是全世界最大的慈善机构创立者，他捐出去的钱有7.5亿美元。他凭借自己独特的魄力、远见及精明白手起家，一步一步地建立起自己庞大的财富帝国。他的母亲一生节俭，他将母亲的勤俭观念作为他一生恪守的行为准则，例如：他绝不会随便给服务生过多的小费，也不会因为物品便宜而乱花钱。他可以捐赠出数亿元的财产，但却不会无意义地浪费一分钱，这是他严守的原则，更是他致富的原因之一。

（1）约翰·洛克菲勒从事哪一个行业？请在正确答案前的□加上√号。

    □ a. 汽车

    □ b. 石油

    □ c. 计算机

    □ d. 成衣

（2）约翰·洛克菲勒是全世界第一位拥有多少财富的人？请在正确答案前的□加上√号。

    □ a. 10亿美元

    □ b. 11亿美元

    □ c. 12亿美元

    □ d. 13亿美元

（3）约翰·洛克菲勒曾捐出多少钱给慈善机构？请在正确答案前的□加上√号。

    □ a. 4.5亿美元

    □ b. 5.5亿美元

    □ c. 6.5亿美元

    □ d. 7.5亿美元

（4）约翰·洛克菲勒建立的慈善机构在全世界排第几位？请在正确答案前的□加上√号。

☐ a. 第1位

☐ b. 第2位

☐ c. 第3位

☐ d. 第4位

（5）约翰·洛克菲勒凭着什么建立起庞大的财富帝国？请在正确答案前的☐加上√号。

☐ a. 勤俭、远见及精明

☐ b. 魄力、勤奋及精明

☐ c. 魄力、远见及精明

☐ d. 魄力、远见及勤奋

（6）约翰·洛克菲勒的母亲有什么美德？请在正确答案前的☐加上√号。

☐ a. 一生奋斗

☐ b. 一生正义

☐ c. 一生节俭

☐ d. 一生勤劳

（7）约翰·洛克菲勒恪守的理财原则是什么？请在正确答案前的☐加上√号。

☐ a. 不胡乱花费，不浪费金钱

☐ b. 不胡乱花费，不浪费小费

☐ c. 不胡乱花费，不浪费大钱

☐ d. 不胡乱送礼，不浪费金钱

（8）约翰·洛克菲勒如何处理他的巨额财富？请在正确答案前的☐加上√号。

☐ a. 继续积存

☐ b. 遗留子孙

☐ c. 赠送他人

☐ d. 反馈社会

二 学习节俭

> 我们赖以生存的地球资源是有限的，所以我们应该节俭生活。节俭是一种美德，是每个人必须学会的生活态度。"节俭"不是一毛不拔，而是合情、合理地当用则用、当省则省；相反，"吝啬"的含义却不同，它是指该用的不用，不该省的也要省。

（1）我们为何要"节俭"？请在正确答案前的□加上√号。

　　□ a. 我们赖以生存的地球资源是有限的

　　□ b. 我们赖以生存的地球资源是特别的

　　□ c. 我们赖以生存的地球资源是无尽的

　　□ d. 我们赖以生存的地球资源是宝贵的

（2）何谓"节俭"？请在正确答案前的□加上√号。

　　□ a. 合情合理地一毛不拔，当省则省

　　□ b. 合情合理地当用则用，少吃少穿

　　□ c. 合情合理地一毛不拔，少吃少穿

　　□ d. 合情合理地当用则用，当省则省

（3）何谓"吝啬"？请在正确答案前的□加上√号。

　　□ a. 该用的使用，不该省的便不省

　　□ b. 该用的不用，不该省的也要省

　　□ c. 该用的使用，不该省的也要省

　　□ d. 该用的不用，不该省的便不省

（4）下列哪项是节俭的例子？请在正确答案前的□加上√号（可选择多个答案）。

　　□ a. 离家前关闭所有电器

　　□ b. 与家人互换或轮流使用物件

　　□ c. 使用信用卡购物来赚取积分优惠

　　□ d. 购买价廉物美的二手货品

　　□ e. 购买物超所值的产品

　　□ f. 到图书馆借书代替买书

☐ g. 善用各种购物优惠券

☐ h. 骑自行车代替乘出租车上课

☐ i. 购买价格昂贵的名牌产品

☐ j. 在公司大减价时才购物

（5）不懂节俭的后果是什么？请在正确答案前的☐加上√号（可选择多个答案）。

☐ a. 永远没有足够的金钱

☐ b. 永远具备足够的金钱

☐ c. 过着贫穷潦倒的生活

☐ d. 过着自由自在的生活

☐ e. 失去财务自由

☐ f. 失去行动自由

三 积累金钱

汪洋大海是由一点一滴的水所组成，一望无际的沙漠是由一粒粒细小的沙所形成。同样，巨大的财富也是由持续不断的积累而来，下面的练习将让你明白储蓄的好处。

● 如果，你每天节省10元钱

（1）1年后你将会增加多少金钱？请在正确答案前的☐加上√号。

☐ a. 3 200元

☐ b. 3 450元

☐ c. 3 650元

☐ d. 3 850元

（2）10年后你将会增加多少金钱？请在正确答案前的☐加上√号。

☐ a. 35 500元

☐ b. 36 500元

☐ c. 32 500元

☐ d. 25 500元

（3）40年后你将会增加多少金钱？请在正确答案前的□加上√号。

□ a. 143 000元

□ b. 144 000元

□ c. 145 000元

□ d. 146 000元

（4）你有什么领悟？请在正确答案前的□加上√号

□ a. 要懂得为大钱而节俭

□ b. 小钱可以积累成大钱

□ c. 节俭可以成为超级富豪

□ d. 不须为小钱而节俭

第7课　学习重点

❀学习节俭：当用则用，当省则省。

❀如果将赚来的钱全部花光，将会过着贫穷的生活。

❀小钱可以积累成大钱。

第8课

储蓄金钱（二）

存钱以备老年与急需之用，正如太阳不可能整天不落山。

古人常说："聚沙成塔，集腋成裘。"这表示一点一滴的小额存款，也能积少成多。事实上，很多大成就都是由小成就开始，例如：很多企业家都是从小职员做起，很多将军都是从小士兵当起。万丈高楼平地起，只有扎扎实实地从存小钱开始，并养成存钱习惯，将来才能过上不为钱所困的生活。

一 为何要储蓄？

> 储蓄就是把金钱保留下来，放到一个安全的地方，例如银行，并在需要的时候才拿出来使用。

（1）何谓"储蓄"？请在正确答案前的□加上√号。

□ a. 把钱保留下来，捐献给一些著名的慈善机构

□ b. 把钱保留下来，投资在一些能赚取更多金钱的地方

□ c. 把钱保留下来，放到一个安全的地方

□ d. 把钱保留下来，花费在一些物有所值的产品上

（2）下列哪种情况能储蓄？请在正确答案前的□加上√号。

□ a. 没有支出和收入   □ b. 收入相等支出

□ c. 支出大于收入   □ d. 收入大于支出

（3）每个人储蓄都有各自的理由，试找出一些你需要储蓄的原因。请在正确答案前的□加上√号（可选择多个答案）。

□ a. 经济危机突然来临

□ b. 家庭突然要支付庞大的医药费

□ c. 家庭再没有收入   □ d. 准备购买房屋

□ e. 准备购买汽车   □ f. 支付海外留学费用

□ g. 父亲或母亲意外受伤而暂停工作

□ h. 到海外旅行   □ i. 退休生活费

□ j. 准备创业   □ k. 结婚

□ l. 移民   □ m. 暂时失业

□ n. 更换家具   □ o. 添置电器

□ p. 装修房屋   □ q. 更换睡衣

□ r. 购买日用品   □ s. 预备午餐

★当你有所准备，便不惧怕。

二 储蓄会使钱长大

当我们将钱存入银行时，有三样东西会让那笔钱变大：

本金：最初存入的钱。

利息：银行会把我们的钱借给其他人或机构，向他们收取"贷款利息"，也因为银行要使用我们的钱，所以也须付"存款利息"给我们。

时间：存放该款项的时间长短。

复利息：当我们把银行给我们的利息和最初的存款全都继续存放在银行时，不仅最初存入的本金享有利息，利息本身也能够享有利息。

（1）有哪三样东西使存入银行的那笔钱越变越大？请在正确答案前的口加上√号。

☐ a. 本金、利息、预算　　　☐ b. 贷款、本金、利息

☐ c. 本金、利息、时间　　　☐ d. 货币、本金、利息

（2）当我们的本金（最初存入的钱）越多，那笔钱会变成怎样？请在正确答案前的口加上√号。

☐ a. 没有改变　　　　　☐ b. 变得愈少

☐ c. 变得愈多　　　　　☐ d. 未能肯定

（3）当我们存入的钱时间越长，那笔钱会变成怎样？请在正确答案前的口加上√号。

☐ a. 变得愈多　　　　　☐ b. 变得愈少

☐ c. 没有改变　　　　　☐ d. 未能肯定

（4）为何银行要给我们"存款利息"？请在正确答案前的口加上√号。

☐ a. 银行把我们的钱进行投资，并收取丰厚回报

☐ b. 银行把我们的钱保留下来，并在需要时才拿出来使用

☐ c. 银行把我们的钱累积下来，并进行适当的花费

☐ d. 银行会把我们的钱借给其他人或机构，向他们收取"贷款利息"

（5）何谓复利息？请在正确答案前的口加上√号。

☐ a. 将储蓄金和利息都放在银行里，让原本的储蓄金和利息都继续享有利息

☐ b. 将储蓄金和利息都放在抽屉里，让原本的储蓄金和利息都继续享有利息

☐ c. 将储蓄金和利息都放在保险箱，让原本的储蓄金和利息都继续享有利息

☐ d. 将储蓄金和利息都放在家里，让原本的储蓄金和利息都继续享有利息

100元存款的复利率增长表

年数	1%	2%	3%	4%	5%	6%	7%	8%	9%	10%
1	101	102	103	104	105	106	107	108	109	110
2	102	104	106	108	110	112	114	117	119	121
3	103	106	109	112	116	119	123	126	130	133
4	104	108	113	117	122	126	131	136	141	146
5	105	110	116	122	128	134	140	147	154	161
6	106	113	119	127	134	142	150	159	168	177
7	107	115	123	132	141	150	161	171	183	195
8	108	117	127	137	148	159	172	185	199	214
9	109	120	130	142	155	169	184	200	217	236
10	110	122	134	148	163	179	197	216	237	259
11	112	124	138	154	171	190	210	233	258	285
12	113	127	143	160	180	201	225	252	281	314
13	114	129	147	167	189	213	241	272	307	345
14	115	132	151	173	198	226	258	294	334	380
15	116	135	156	180	208	240	276	317	364	418
16	117	137	160	187	218	254	295	343	397	460
17	118	140	165	195	229	269	316	370	433	505
18	120	143	170	203	241	285	338	400	472	556
19	121	146	175	211	253	303	362	432	514	612
20	122	149	181	219	265	321	387	466	560	673
21	123	152	186	228	279	340	414	503	611	740
22	124	155	192	237	293	360	443	544	666	814
23	126	158	197	246	307	382	474	587	726	895
24	127	161	203	256	323	405	507	634	791	985
25	128	164	209	267	339	429	543	685	862	1084
26	130	167	216	277	356	455	581	740	940	1192
27	131	171	222	288	373	482	621	799	1025	1311
28	132	174	229	300	392	511	665	863	1117	1442
29	133	178	236	312	412	542	711	932	1217	1586
30	135	181	243	324	432	574	761	1006	1327	1745

例子：如果你将100元存入银行，复息利率是4%，一年后你将会得到4元的利息。

利息的计算公式 = 本金 × 利率 × 时间

$$= 100 \times 4\% \times 1$$

$$= 4$$

（6）如果现在存100元入银行，复利率是5%，30年后那笔钱将会是多少？请在正确答案前的□加上√号。

□ a. 332元 □ b. 432元

□ c. 532元 □ d. 632元

（7）如果现在存100元入银行，复利率是7%，10年后那笔钱将会是多少？请在正确答案前的□加上√号。

□ a. 187元 □ b. 197元

□ c. 207元 □ d. 217元

（8）如果每年都存100元入银行，复利率是4%，10年后那笔钱将会是多少？请在正确答案前的□加上√号。

□ a. 1549元 □ b. 1449元

□ c. 1349元 □ d. 1249元

（9）往两家银行分别存入100元，利率分别是4% 和10%，那么25年后会相差多少倍？请在正确答案前的□加上√号。

□ a. 3倍 □ b. 4倍

□ c. 5倍 □ d. 6倍

三 储蓄的目标

　　"储蓄"首先要有目标，因为有了目标才会有动力。基本上，存钱除了预防不时之需、投资准备（通过金钱赚取金钱）及退休生活外，为了去买自己真正想要的东西，也会使储蓄充满乐趣。

　　试想，人生没有几件事情，比储蓄金钱去买自己想要的东西更有乐趣的了。因此，自幼就应培养储蓄的习惯，将使你终生受用不尽。

● 现在，就将你的储蓄分为短期、中期及长期三个不同时期，分别写下目标，同时分别将钱储在不同的容器内（第三个容器里的钱可长期存在银行里）。

短期目标（三个月内）如购买游戏机、自行车、家人生日礼物、玩具或模型等。

中期目标（一年至三年内）如更换计算机、到外国旅行及购买乐器等。

长期目标（三年或以上）如到外国读大学、购买汽车及预备创业等。

储蓄建议：★搜集和目标相关的图片，贴在显眼的地方来提醒自己。

★随时想象达成目标的好处，例如，想象到国外旅行的欢乐气氛。

第8课　学习重点

❀储蓄的四大原因：1. 预备不时之需

2. 为未来的退休生活做准备

3. 去买自己真正想要的东西

4. 增加投资准备（以金钱赚取金钱）

❀复利利息：将储蓄金和利息都放在银行里，让原本的储蓄金和利息都继续享有利息。

❀储蓄的目标：可分为短期、中期及长期三种。

第9课
保护金钱（一）

如果你的口袋有个破洞，即使装满了钱又如何？

一个家庭的财富，是其成员多年辛勤工作所积累的，假如某个家庭成员因为理财失误，或其他不幸的突发事件而造成家庭财富的流失，就可能会严重影响家人的生活质量，甚至导致家庭破裂。因此，你要谨慎、明智地保护自己的财富，因为它是幸福生活的基本元素。

一 什么是"风险"？

在变化多端、复杂难测的世界里，各种意外或突发情况都可能令自己蒙受损失，称之为"风险"。要知道，生活本身充满危险，例如火灾、地震、交通意外、桥梁突然倒塌、海啸或暴风雨等。因此，风险可谓无处不在、无时不在。

（1）何谓"风险"？请在正确答案前的□加上√号。

□ a. 因各种失误或突发情况而招致的失败

□ b. 因各种意外或预计情况而招致的损失

□ c. 因各种意外或突发情况而招致的损失

□ d. 因各种意外或突发情况而招致的失败

（2）"风险"有何特性？请在正确答案前的□加上√号。

□ a. 无人不在、无时不在　　　□ b. 无处不在、无事不在

□ c. 无人不在、无事不在　　　□ d. 无处不在、无时不在

（3）"风险"无处不在，而且通常不能预知。下列哪些事情是我们生活中可能会遇到的风险，请在正确答案前的□加上√号（可选择多个答案）。

□ a. 银行倒闭　　　　　　□ b. 身患疾病

□ c. 水灾　　　　　　　　□ d. 火灾

□ e. 泥石流　　　　　　　□ f. 战争

□ g. 意外受伤　　　　　　□ h. 传染病爆发

□ i. 桥梁倒塌　　　　　　□ j. 公司裁员

□ k. 台风　　　　　　　　□ l. 家中被盗

□ m. 溺水　　　　　　　　□ n. 食物中毒

□ o. 交通意外　　　　　　□ p. 空难

□ q. 海啸　　　　　　　　□ r. 恐怖袭击

□ s. 地震

（4）衡量风险

● 下列是一些你可能会遇到的事情，请填上风险程度。

1：低风险——非常安全

2：中度风险——一般危险

3：高风险——非常危险

_____（a）醉酒驾驶

_____（b）独自潜水

_____（c）打劫银行

_____（d）洗衣服

_____（e）乘坐出租车

_____（f）在泳池高台跳水

_____（g）在马路上骑自行车

_____（h）滑雪

_____（i）下雨时踢足球

_____（j）在家中吃早餐

_____（k）独自修理复杂电动车

_____（l）温习功课

_____（m）胡乱吃减肥药丸

_____（n）打雷时站在树下

_____（o）下雨时爬山

_____（p）吃已过期的食物

_____（q）将钱放在银行

_____（r）有重病时不去看医生

_____（s）攀岩

_____（t）探访患有传染病的人

_____（u）在急流中划独木舟

_____（v）刮台风时在街上逛

_____（w）看电视

二 什么是"保险"？

人生无常，我们的生活可能因为突然的裁员、疾病、交通意外或其他因素而面临严重的破坏。因此，我们需要买"保险"，预先对还没有发生的意外做准备。"保险"的原理，便是将许多人缴付的保险金集合在一起，当中若有人遇到不幸、遭受损失，他们便可从中获得赔偿。例如，当我们买了保险后，如果家里发生火灾，那么，保险公司就会支付保险金来帮助我们维修房子。总而言之，"保险"的作用就是为了"防患于未然"，并集合众人的力量来帮助遇到不幸的人。

保险的主要种类包括：

人寿保险——家庭中负责生计的人死亡时，保险公司会付出一大笔赔偿金给其家人。

医疗保险——因患病而需接受治疗时，保险公司负担这笔医疗费用。

家居保险——当房屋或内部物品因暴风、水灾或地震等意外而有损失，将可获得理赔。

旅游保险——在旅行时遭逢疾病、失窃或意外的损失，将可获得理赔。

人身意外保险——因意外导致伤残或死亡时，将可获得理赔。

公众责任保险——因疏忽而导致他人受到损失时，可由保险公司负责理赔。

入息保障保险——因受伤或患病而导致丧失工作能力所获得的理赔。

（1）为何要购买"保险"？请在正确答案前的□加上√号。

□ a. 预先对还未发生的意外事故做准备

□ b. 预先对已经发生的意外事故做准备

□ c. 预先对还未发生的必然事故做准备

□ d. 预先对从未发生的必然事故做准备

（2）"保险"的原理是什么？请在正确答案前的□加上√号。

□ a. 将许多人缴付的保险金集合在一起，当中若有人没有遭受损失，他们亦可从中获得赔偿

□ b. 将许多人缴付的保险金集合在一起，当中若有人遇到不幸、遭受损失，他们便不可从中获得赔偿

□ c. 将许多人缴付的保险金集合在一起，当中若有人遇到不幸、遭受损失，他们便可从中获得赔偿

□ d. 将少数人缴付的保险金集合在一起，当中若有人遇到不幸、遭受损失，他们便可从中获得赔偿

（3）买了保险后，如果家里遭窃，那么保险公司便会如何帮助我们？请在正确答案前的□加上√号。

　　□ a. 赔偿失窃用品的损失

　　□ b. 赔偿所有用品的损失

　　□ c. 重新购买失窃的物品

　　□ d. 找寻那些盗贼及找回物品

（4）"保险"的作用是什么？请在正确答案前的□加上√号。

　　□ a. 为了防患于未然，并集合众人的力量来帮助愚蠢的成员

　　□ b. 为了防患于未然，并集合众人的力量来帮助大意的成员

　　□ c. 为了防患于未然，并集合众人的力量来帮助幸运的成员

　　□ d. 为了防患于未然，并集合众人的力量来帮助不幸的成员

（5）何谓"人寿保险"？请在正确答案前的□加上√号。

　　□ a. 家庭中负责生计的人患病时，保险公司会付出一大笔赔偿金给其家人

　　□ b. 家庭中负责生计的人受伤时，保险公司会付出一大笔赔偿金给其家人

　　□ c. 家庭中负责生计的人失业时，保险公司会付出一大笔赔偿金给其家人

　　□ d. 家庭中负责生计的人死亡时，保险公司会付出一大笔赔偿金给其家人

（6）何谓"医疗保险"？请在正确答案前的□加上√号。

　　□ a. 因整容而需接受治疗时，保险公司便会负担这笔医疗费用

　　□ b. 因脱发而需接受治疗时，保险公司便会负担这笔医疗费用

　　□ c. 因患病而需接受治疗时，保险公司便会负担这笔医疗费用

　　□ d. 因瘦身而需接受治疗时，保险公司便会负担这笔医疗费用

（7）何谓"家居保险"？请在正确答案前的□加上√号。

　　□ a. 当家中物品因暴风、水灾或失窃等意外损失时，可获得赔偿

　　□ b. 当家中宠物因暴风、水灾或失窃等意外损失时，可获得赔偿

　　□ c. 当家中风水因暴风、水灾或失窃等意外损失时，可获得赔偿

　　□ d. 当家中宁静因暴风、水灾或失窃等意外损失时，可获得赔偿

（8）何谓"旅游保险"？请在正确答案前的□加上√号。

□ a. 在探亲时，因疾病、失窃或意外的损失而获得赔偿

□ b. 在旅游时，因疾病、失窃或意外的损失而获得赔偿

□ c. 在工作时，因疾病、失窃或意外的损失而获得赔偿

□ d. 在留学时，因疾病、失窃或意外的损失而获得赔偿

（9）何谓"人身意外保险"？请在正确答案前的□加上√号。

□ a. 因意外导致伤残或死亡时所获得的赔偿

□ b. 因意外导致失业或解雇时所获得的赔偿

□ c. 因意外导致水灾或火灾时所获得的赔偿

□ d. 因意外导致战争或海啸时所获得的赔偿

（10）何谓"公众责任保险"？请在正确答案前的□加上√号。

□ a. 因愤怒而导致他人受到损失，由保险公司负责赔偿

□ b. 因报复而导致他人受到损失，由保险公司负责赔偿

□ c. 因疏忽而导致他人受到损失，由保险公司负责赔偿

□ d. 因贪心而导致他人受到损失，由保险公司负责赔偿

（11）何谓"入息保障保险"？请在正确答案前的□加上√号。

□ a. 因受伤或患病而导致丧失计算能力所获得的赔偿

□ b. 因受伤或患病而导致丧失语言能力所获得的赔偿

□ c. 因受伤或患病而导致丧失社交能力所获得的赔偿

□ d. 因受伤或患病而导致丧失工作能力所获得的赔偿

三 面对风险

　　我们永远无法完全消除风险，也难以为风险做好"万全"的准备。但是，我们可以事先做好准备，也就是"做最坏的打算，也做最好的准备"。面对风险时，你可以采取下列四种做法：

　　1. 避免风险——不让任何风险有存在的机会，例如不游泳，以避免溺水。

　　2. 降低风险——减低危险发生的机会，例如定期检查车辆安全，以减低发生故障的机会。

> 3. 承担风险——损失不大的金额可自行承担。
>
> 4. 转移风险——对于可能损失重大的事故需购买保险。

（1）应如何面对风险？请在正确答案前的□加上√号。

　　□ a. 消除所有风险

　　□ c. 以不同的方法来面对风险

　　□ b. 为所有风险做好准备

　　□ d. 不需理会任何风险

（2）应该如何为风险做准备？请在正确答案前的□加上√号。

　　□ a. 最好的打算，也做最坏的准备

　　□ b. 最坏的打算，也做最坏的准备

　　□ c. 最好的打算，也做最好的准备

　　□ d. 最坏的打算，也做最好的准备

（3）可以用什么方法来处理风险？请在正确答案前的□加上√号。

　　□ a. 避免、转移、承担及降低

　　□ c. 避免、消除、承担及降低

　　□ b. 避免、转移、逃避及降低

　　□ d. 承认、转移、承担及降低

（4）如何防范因丧失家庭经济来源而失去住房、子女中途辍学的风险？请在正确答案前的□加上√号（可选择多个答案）。

　　□ a. 身为家庭支柱的家人应时常检查身体，以预防患病的风险

　　□ b. 身为家庭支柱的家人应勤锻炼身体，以减低患病的风险

　　□ c. 身为家庭支柱的家人应购买足够的保险，以转移重大风险

　　□ d. 身为家庭支柱的家人应永远躲在家中，以逃避所有风险

　　□ e. 身为家庭支柱的家人应避免参与任何危险活动，以避免受伤的风险

　　□ f. 身为家庭支柱的家人应多储蓄，以承担各种风险

（5）如何防范因醉酒驾驶而导致交通意外的风险？请在正确答案前的□加上√号（可选择多个答案）。

　　□ a. 只喝少量的酒　　　　　□ b. 请他人驾驶

☐ c. 不喝酒　　　　　　☐ d. 更换一辆坚固的汽车

☐ e. 降低驾驶速度　　　☐ f. 只在白天驾驶

（6）如何防范文具被偷的风险？请在正确答案前的☐加上√号（可选择多个答案）。

　　　　☐ a. 为文具购买保险

　　　　☐ b. 永远不购买文具

　　　　☐ c. 小心保存文具

　　　　☐ d. 不买昂贵的文具

　　　　☐ e. 永远借用别人的文具

　　　　☐ f. 在文具上写上自己的名字

（7）如何防范到外地旅游而导致的风险？请在正确答案前的☐加上√号（可选择多个答案）。

　　　　☐ a. 带上当地的地图及货币

　　　　☐ b. 为旅游购买保险

　　　　☐ c. 注意食物清洁

　　　　☐ d. 小心保管行李

　　　　☐ e. 不参与危险的活动

　　　　☐ f. 不要独自到外地旅行

第 9 课　学习重点

✿风险无处不在、无时不在，而且无法完全避免。

✿保险是将可能发生的重大损失转移给保险公司。

✿面对风险的处理方法：（1）避免；（2）降低；（3）承担；（4）转移。

第10课
保护金钱（二）

能用金钱购买的东西是美好的，但更要确保自己不会遗失金钱无法购买的东西。

··

金钱来之不易，并且是每个人的生活必需品，所以应该小心保管金钱。虽然可以通过各种风险处理方法，如购买保险，来保障全家人的健康及生活（降低不能预计及突发事件所带来的损失)，但也要慎防踏进人为的陷阱，如赌博、信用卡欠款等，才不会使家庭财富流失而严重影响自己的生活和工作。

一 信用卡（Credit Card）陷阱

Credit就是"信用"的意思，也就是先使用、后付款的一种消费方式。当你申请信用卡时，银行便会调查你的财务状况，等确定申请人并没有信用不良记录时，才会发给你信用卡。当你使用信用卡买东西时，就等于你向银行借了一笔钱，到了宽限期（20～40天后），就必须付钱给先帮我们垫钱的发卡银行。如果你不在期限内依规定缴付向发卡银行预借的钱，银行就会向你收取未还清款项的高额利息。

信用额：30 000
年利率：24% ～ 40%
最低还款额：3%
到期日：2007年12月
每年费用：400

（1）何谓"信用卡"？请在正确答案前的□加上√号。

□ a. 后付款、后购买的一种赊账方式

□ b. 先付款、后购买的一种赊账方式

□ c. 先购买、后付款的一种赊账方式

□ d. 先购买、先付款的一种赊账方式

（2）申请信用卡时，银行会调查申请人的什么状况？请在正确答案前的□加上√号。

□ a. 财务   □ b. 身体

□ c. 心理   □ d. 家庭

（3）使用信用卡在商店购物时，等于先向谁借了一笔钱？请在正确答案前的□加上√号。

□ a. 商店   □ b. 家人

□ c. 货主   □ d. 银行

（4）使用信用卡在商店购物时，是谁先垫钱给商店？请在正确答案前的□加上√号。

□ a. 发卡银行   □ b. 发卡商户

　　□ c. 发卡货主　　　　　　　□ d. 发卡机构

（5）如果申请人没有在限期内还清欠款，就得缴付什么给银行？请在正确答案前的□加上√号。

　　□ a. 未能肯定　　　　　　　□ b. 额外利息
　　□ c. 高额利息　　　　　　　□ d. 小额利息

（6）根据上图的信用卡，持卡人可借用多少金钱？请在正确答案前的□加上√号。

　　□ a. 20 000　　　　　　　　□ b. 30 000
　　□ c. 40 000　　　　　　　　□ d. 50 000

（7）根据上图的信用卡，持卡人的信用卡何时到期？请在正确答案前的□加上√号。

　　□ a. 2012年12月　　　　　　□ b. 2007年7月
　　□ c. 2007年12月　　　　　　□ d. 2012年7月

（8）下列哪些是使用信用卡的优点？请在正确答案前的□加上√号（可选择多个答案）。

　　□ a. 可应一时之需而预先提取现金
　　□ b. 发现货品有误，可通过发卡银行与商户交涉
　　□ c. 可用信用卡在网上购物和缴费
　　□ d. 使用信用卡能积累积分来换取礼品
　　□ e. 不需偿还欠款
　　□ f. 每张信用卡均有姓名及签署，其他人不易盗用
　　□ g. 不需兑换大量其他不同地方的外币，便可到外地旅游或公干
　　□ h. 在一些商店购物可享有折扣优惠
　　□ i. 能记录所有的支出
　　□ j. 不需携带大量现金便可在商店购物

（9）下列哪些是使用信用卡的缺点？请在正确答案前的□加上√号（可选择多个答案）。

　　□ a. 有可能被盗用而导致损失

☐ b. 不知不觉地积累债务

☐ c. 信用卡的利息高，一般年利率达24%至40%不等。

☐ d. 信用卡的图案设计差劣

☐ e. 不能借给他人使用

☐ f. 容易因为一时冲动而购买物品

（10）若信用卡的欠款是1 000元，则当月最低还款额是多少？请在正确答案前的☐加上√号。

☐ a. 50 　　　　　　　☐ b. 40

☐ c. 30 　　　　　　　☐ d. 20

（11）若信用卡的欠款是1 000元，那么1年后的欠款是多少？请在正确答案前的☐加上√号（假若年利息是30%）。

☐ a. 1300 　　　　　　☐ b. 1310

☐ c. 1320 　　　　　　☐ d. 1330

（12）根据上题，再多1年后的欠款额是多少？请在正确答案前的☐加上√号（假若年利息是30%）。

☐ a. 1670 　　　　　　☐ b. 1680

☐ c. 1690 　　　　　　☐ d. 1700

（13）信用卡的利息有什么特点？请在正确答案前的☐加上√号。

☐ a. 日日夜夜、分分秒秒地不断地减少

☐ b. 日日夜夜、分分秒秒地不断地改变

☐ c. 日日夜夜、分分秒秒地不会增加

☐ d. 日日夜夜、分分秒秒地不断增加

（14）是什么原因导致信用卡的欠债迅速增加？请在正确答案前的☐加上√号。

☐ a. 不知不觉的债务增加和高额的利息（相对于存款的利息）

☐ b. 先知先觉的债务增加和高额的利息（相对于存款的利息）

☐ c. 后知后觉的债务增加和高额的利息（相对于存款的利息）

☐ d. 先知后觉的债务增加和高额的利息（相对于存款的利息）

（15）长期拖欠信用卡费用的后果是什么？请在正确答案前的□加上√号（可选择多个答案）。

　　　□ a. 影响个人信用记录、将来申请银行借贷的限制

　　　□ b. 永远不能购买心爱的东西

　　　□ c. 无力偿还而宣告破产

　　　□ d. 严重影响个人情绪

　　　□ e. 影响求职，例如，破产者不能从事某些行业

　　　□ f. 不能到外地升学

（16）如何避免掉进信用卡的债务陷阱？请在正确答案前的□加上√号（可选择多个答案）。

　　　□ a. 避免一时冲动而使用信用卡购物

　　　□ b. 购物时要仔细想想，那是"想要"还是"需要"

　　　□ c. 减低信用卡的信用额

　　　□ d. 不再使用信用卡

　　　□ e. 准时还清信用卡欠款

　　　□ f. 申请多张不同的信用卡

　　　□ g. 比较不同信用卡的优惠

　　　□ h. 不要超过信用额，因为需要缴付额外的罚款

二　赌博的危险

　　"赌博"即是以财物当做赌注，碰运气来定输赢的行为。赌徒的主要心理是：当他们赢过一次，那次赢的经验会使他永远期待下一次。这种贪婪、侥幸及幻想自己一朝致富的心理，便会支持他继续赌下去。再加上输钱后所带来的不愉快感，使他期望能扳回成本，这种不服输的心理，又支持他继续下注。根据数学的概率论，赌场和赌徒的取胜机会都是均等的，例如，抛掷钱币所得出的结果，长期来说，得到正面和反面的机会是均等的。但可惜的是，赌徒因为赌本有限、欠缺精密专业知识，且易受情绪影响判断等因素，使他最终只能输更多的钱，甚至深陷其中而万劫不复。

（1）何谓"赌博"？请在正确答案前的□加上√号。

　　　□ a. 以财物作赌注，并借着研究来定输赢的行为

☐ b. 以财物作赌注，并借着运气来定输赢的行为

☐ c. 以财物作赌注，并借着技术来定输赢的行为

☐ d. 以财物作赌注，并借着信念来定输赢的行为

（2）下列哪些活动是常见的赌博行为？请在正确答案前的口加上√号（可选择多个答案）。

☐ a. 赛马 ☐ b. 赌博

☐ c. 下棋 ☐ d. 老虎机

☐ e. 买彩票 ☐ f. 百家乐

☐ g. 游泳 ☐ h. 打麻将

（3）哪些心理因素会使赌徒不停地下注？请在正确答案前的口加上√号（可选择多个答案）。

☐ a. 不服输 ☐ b. 幻想一夜暴富

☐ c. 贪婪 ☐ d. 慷慨

☐ e. 侥幸 ☐ f. 帮助弱者

☐ g. 悲哀 ☐ h. 包容

（4）以长期来说，运气是否只会在赌徒或赌场那一边？请在正确答案前的口加上√号。

☐ a. 根据数学的概率论，赌场和赌徒的运气都是未能肯定的

☐ b. 根据数学的概率论，赌徒的运气较赌场为佳

☐ c. 根据数学的概率论，赌场和赌徒的运气是均等的

☐ d. 根据数学的概率论，赌场的运气较赌徒为佳

（5）以长期来说，为何赌徒赢少赔多？请在正确答案前的口加上√号（可选择多个答案）。

☐ a. 赌徒的本钱有限

☐ b. 赌徒的运气较差

☐ c. 赌场有较大的赌本

☐ d. 赌徒欠缺精密及专业知识

☐ e. 赌徒的年纪太大

☐ f. 赌徒易受情绪影响判断

□ g. 赌场不会受情绪影响判断

□ h. 赌徒的品格太差

（6）沉迷赌博的后果是什么？请在正确答案前的□加上√号（可选择多个答案）。

　　□ a. 养成投机取巧的习惯

　　□ b. 幻想轻易赚钱的途径

　　□ c. 欠下庞大的债务

　　□ d. 无心工作

　　□ e. 破坏朋友及家人关系

　　□ f. 失去自我控制的能力

　　□ g. 失去理智

　　□ h. 前途尽毁

　　□ i. 前途锦绣

　　□ j. 前途无限

（7）如何避免掉进赌博的陷阱？请在正确答案前的□加上√号。

　　□ a. 不参与任何赌博行为

　　□ b. 要专心研究赌术

　　□ c. 要运用高科技进行赌博

　　□ d. 要加大赌本来增加胜算

第10课　学习重点

❀信用卡是发卡银行帮我们先垫钱给商店的一种赊账方式。

❀信用卡容易引发购物冲动，而拖延还款则必须缴付高额利息。

❀避免掉进信用卡债务陷阱的方法有：不要冲动购物、准时缴付欠款、购物时要仔细想想那是"想要"还是"需要"、不使用循环利息。

❀赌博即是以财物作赌注，靠碰运气来定输赢的行为。

❀贪婪、侥幸、幻想一朝致富及不服输等心理因素会使赌徒不停地下注。

❀赌徒继续下注会使自己深陷其中而万劫不复。

❀避免掉进赌博陷阱的方法是"不参与任何赌博行为"。

第 **11** 课

投资金钱（一）

与其今天拥有一个鸡蛋，还不如明天拥有一只母鸡。

"投资"就是用金钱去购买能赚得更多金钱的东西，这些东西包括公司股票、外币、房屋、债券或贵重金属等。换句话说，投资是暂时放弃眼前的利益，以换取日后更大的收获，让金钱为自己"工作"。

一 为财富增值

《圣经》里有一则关于理财的故事：一个主人即将出国，就按着各个仆人的才干给他们银子，他托付仆人们保管和运用这些银子。那领了5 000元的随即拿去做买卖赚了5 000元；那领了2 000元的也另赚了2 000；但那领1 000元的就去掘地挖洞，把主人的银子埋藏起来。后来，主人回来和他们清账。第一位和第二位仆人所管理的财富都增加了一倍，主人甚感欣慰。唯有第三位仆人的金钱丝毫未增加，他向主人解释说，因为担心运用失当而遭受损失，所以把钱存在安全的地方，今天将它原封不动地奉还。主人听了大怒，骂道："你这个懒惰的仆人，竟不好好利用你的财富。"

（1）领了5 000元的仆人如何处理那些金钱？请在正确答案前的□加上√号。

　　□ a. 拿去做买卖，另外赚了2 000元

　　□ b. 拿去做买卖，另外赚了3 000元

　　□ c. 拿去做买卖，另外赚了4 000元

　　□ d. 拿去做买卖，另外赚了5 000元

（2）领了2 000元的仆人如何处理那些金钱？请在正确答案前的□加上√号。

　　□ a. 运用那些钱又赚了1 000元

　　□ b. 运用那些钱又赚了2 000元

　　□ c. 运用那些钱又赚了3 000元

　　□ d. 运用那些钱又赚了4 000元

（3）领了1 000元的仆人如何处理那些金钱？请在正确答案前的□加上√号。

　　□ a. 掘地挖洞，把500元埋藏起来

　　□ b. 做买卖，并另外赚了1 000元

　　□ c. 做买卖，把那1 000元赔光了

　　□ d. 掘地挖洞，把那1 000元埋藏起来

（4）为何主人对第一位及第二位仆人同样感到欣慰？请在正确答案前的□加上√号。

　　□ a. 因为他们运用自己的才能将财富增加了1倍

☐ b. 因为他们运用自己的才能将财富增加了2倍

☐ c. 因为他们运用自己的才能将财富增加了3倍

☐ d. 因为他们运用自己的才能将财富增加了4倍

（5）第三位仆人如何向主人解释？请在正确答案前的☐加上√号。

☐ a. 因为担心贼人打劫而遭受损失，所以将钱放在安全的地方

☐ b. 因为担心自己疏忽而遭受损失，所以将钱放在安全的地方

☐ c. 因为担心运用失当而遭受损失，所以将钱放在安全的地方

☐ d. 因为担心别人贪心而遭受损失，所以将钱放在安全的地方

（6）为何第三位仆人被主人狠狠地大骂？请在正确答案前的☐加上√号。

☐ a. 因为他没有好好地运用主人的金钱及自己的能力

☐ b. 因为他没有好好地运用主人的金钱及别人的能力

☐ c. 因为他没有好好地运用自己的金钱及自己的能力

☐ d. 因为他没有好好地运用自己的金钱及别人的能力

二 今天吃或等一会儿才吃

　　1960年，美国心理学家瓦特·米伽尔（Walter Mischel）对斯坦福大学附设幼儿园的孩子做了一个长达30年的实验。他给一些4岁的孩子每人一颗好吃的糖果，同时告诉他们："如果马上吃这颗糖，就只能吃一颗；如果等20分钟再吃，则能吃两颗。"在这个实验中，有些冲动的孩子当然马上就把糖吃掉了，另一些孩子却凭着耐性来克制自己的欲望，最后那些能够忍耐的孩子得到了两颗糖果。

　　这个实验后来一直继续下去，那些冲动的孩子在少年时较易因挫折而丧志，遇到压力也较容易退缩或惊慌失措，而中学后学业成绩更是明显较差。相反，那些能抵抗冲动的孩子在少年时期较有自信，也较能面对挫折、积极地迎接挑战，而中学后的成绩也较佳。在往后30年的追踪观察中，那些有耐性的孩子在事业上表现也较为出色。

（1）在斯坦福大学附设幼儿园所做的实验长达多少年？请在正确答案前的□加上√号。

☐ a. 20年　　　☐ b. 25年　　　☐ c. 30年　　　☐ d. 35年

（2）那些在成年后较有成就的小孩能做到什么？请在正确答案前的□加上√号。

☐ a. 克制实时的欲望和延迟满足

☐ b. 克制实时的压力和延迟满足

☐ c. 克制实时的惊慌和延迟满足

☐ d. 克制实时的挫折和延迟满足

（3）为何耐性和克制冲动是个人成功的要素？请在正确答案前的□加上√号。

☐ a. 因为要牺牲现在短暂的快乐或利益来换取现在更大的回报

☐ b. 因为要牺牲将来短暂的快乐或利益来换取将来更少的回报

☐ c. 因为要牺牲将来短暂的快乐或利益来换取现在更大的回报

☐ d. 因为要牺牲现在短暂的快乐或利益来换取将来更大的回报

（4）下列哪些事情是需要耐性和压制冲动，才能等待将来更大的收成？请在正确答案前的□加上√号（可选择多个答案）。

☐ a. 投资金钱　　　☐ b. 进修学习

☐ c. 心智锻炼　　　☐ d. 教导孩子

☐ e. 事业发展　　　☐ f. 锻炼身体

三　用金钱赚取金钱

"投资"是一种让金钱增值的方式，方法是把钱投入到自己认为可能获得利润的领域，然后耐心等待金钱不断地增加，让金钱为自己工作，替自己赚取更多的金钱。

1元投资的复利回报表

年数	10%	12%	14%	15%	16%	18%	20%	24%
1	1.1000	1.1200	1.1400	1.1500	1.1600	1.1800	1.2000	1.2400
2	1.2100	1.2544	1.2996	1.3225	1.3456	1.3924	1.4400	1.5376
3	1.3310	1.4049	1.4815	1.5209	1.5609	1.6430	1.7280	1.9066
4	1.4641	1.5735	1.6890	1.7490	1.8106	1.9388	2.0736	2.3642

5	1.6105	1.7623	1.9254	2.0114	2.1003	2.2878	2.4883	2.9316
6	1.7716	1.9738	2.1950	2.3131	2.4364	2.6996	2.9860	3.6352
7	1.9487	2.2107	2.5023	2.6600	2.8262	3.1855	3.5832	4.5077
8	2.1436	2.4760	2.8526	3.0590	3.2784	3.7589	4.2998	5.5895
9	2.3579	2.7731	3.2519	3.5179	3.8030	4.4355	5.1598	6.9310
10	2.5937	3.1058	3.7072	4.0456	4.4114	5.2338	6.1917	8.5944
11	2.8531	3.4785	4.2262	4.6524	5.1173	6.1759	7.4301	10.657
12	3.1384	3.8960	4.8179	5.3503	5.9360	7.2876	8.9161	13.215
13	3.4523	4.3635	5.4924	6.1528	6.8858	8.5994	10.699	16.386
14	3.7975	4.8871	6.2613	7.0757	7.9875	10.147	12.839	20.319
15	4.1772	5.4736	7.1379	8.1371	9.2655	11.974	15.407	25.196
16	4.5950	6.1304	8.1372	9.3576	10.748	14.129	18.488	31.243
17	5.0545	6.8660	9.2765	10.761	12.468	16.672	22.186	38.741
18	5.5599	7.6900	10.575	12.375	14.463	19.673	26.623	48.039
19	6.1159	8.6129	12.056	14.232	16.777	23.214	31.948	59.568
20	6.7275	9.6463	13.743	16.367	19.461	27.393	38.338	73.861
21	7.4002	10.804	15.668	18.822	22.574	32.324	46.005	91.592
22	8.1403	12.100	17.861	21.645	26.186	38.142	55.206	113.57
23	8.9543	13.552	20.362	24.891	30.376	45.008	66.247	140.83
24	9.8497	15.179	23.212	28.625	35.236	53.109	79.497	174.63
25	10.835	17.000	26.462	32.919	40.874	62.669	95.396	216.54
26	11.918	19.040	30.167	37.857	47.414	73.949	114.48	268.51
27	13.110	21.325	34.390	43.535	55.000	87.260	137.37	332.95
28	14.421	23.884	39.204	50.066	63.800	102.97	164.84	412.86
29	15.863	26.750	44.693	57.575	74.009	121.50	197.81	511.95
30	17.449	29.960	50.950	66.212	85.850	143.37	237.38	634.82
40	45.259	93.051	188.88	267.86	378.72	750.38	1469.8	5455.9

（1）"投资"就是将金钱投放在哪方面？请在正确答案前的□加上√号。

□ a. 获得确认的领域　　□ b. 值得纪念的领域

□ c. 获得利润的领域　　□ d. 值得关注的领域

（2）"投资"就是用金钱购买哪些物品？请在正确答案前的□加上√号（可选择多个答案）。

□ a. 房地产　　　　　□ b. 名画

□ c. 古董　　　　　　□ d. 稀有邮票

□ e. 公司股票　　　　□ f. 游艇

□ g. 汽车　　　　　　□ h. 飞机

（3）"投资"的最终目的是什么？请在正确答案前的□加上√号。

☐ a. 让钱去生钱及让金钱为自己工作

☐ b. 让钱去生钱及让金钱为别人工作

☐ c. 让钱去生钱及让金钱为穷人工作

☐ d. 让钱去生钱及让金钱为富人工作

（4）如果现在用1元钱来投资，复利回报是15％，则30年后那笔钱将会是多少？请在正确答案前的□加上√号。

☐ a. 36元   ☐ b. 46元   ☐ c. 56元   ☐ d. 66元

（5）若现在浪费1元钱，会损失了多少潜在收益？请在正确答案前的□加上√号（假设复利回报：15％；年期：40年）。

☐ a. 288元   ☐ b. 268元   ☐ c. 248元   ☐ d. 228元

（6）若各以同一笔钱投资，复利率分别是10％和18％，那么30年后会相差多少倍？请在正确答案前的□加上√号。

☐ a. 6倍   ☐ b. 7倍   ☐ c. 8倍   ☐ d. 9倍

四 生金蛋的鹅

从前有一个贫穷的农夫，有一天，他发现了一只每天能生一个金蛋的鹅，于是，农夫欢天喜地拿着那些金蛋卖给金匠，并且大大地庆祝一番。虽然，农夫从此便不用工作，也过着衣食无忧的生活，但他却觉得鹅一天生一个蛋太慢了，因此，他兴冲冲地拿起刀子，把那只鹅劈成两半，并希望可以一次取出所有的金蛋。可惜，他不但找不到任何金蛋，而且从此以后，再也没有鹅可以每天为他生金蛋了。

（1）一笔供投资使用的金钱，等于故事中的哪些物件或人物？请在正确答案前的□加上√号。

☐ a. 贫穷的农夫   ☐ b. 生金蛋的鹅

☐ c. 买金蛋的金匠   ☐ d. 衣食无忧的农夫

（2）我们的投资所得来的回报，等于故事中的哪些东西或人物？请在正确答案前的□加上√号。

　　　　□ a. 金蛋　　　□ b. 金匠　　　□ c. 农夫　　　□ d. 刀子

（3）如果将全部的储蓄用光，就等于故事中的什么情节？请在正确答案前的□加上√号。

　　　　□ a. 拿着金蛋卖给金匠
　　　　□ b. 一次取出所有蛋
　　　　□ c. 发现能生金蛋的鹅
　　　　□ d. 将生金蛋的鹅杀死

（4）我们应如何让自己的鹅生更多、更大的金蛋？请在正确答案前的□加上√号。

　　　　□ a. 每天为鹅的健康祈祷
　　　　□ b. 不要把鹅劈成两半
　　　　□ c. 储蓄及投资更多的金钱
　　　　□ d. 每天给鹅更多丰富的食物

第 11 课　学习重点

✿ 要善用金钱来增加财富。

✿ "投资"就是用金钱去购买能赚更多金钱的东西。

✿ "投资"需要牺牲短暂的眼前利益，并克制冲动来赚取将来更多的收获。

✿ 要储蓄及投资更多的金钱，将来才能获得更大的报酬。

第12课
投资金钱（二）

增长知了识，才能增长财富。

··

"投资"能使我们增加收入，也能有效地保存我们以前所积累的财富，所以要多学习各种投资知识，并积累经验来增强自己的"投资能力"。

一 世界投资大王——华伦·巴菲特 (Warren Buffett)

华伦·巴菲特被公认为史上最成功的投资者，也是首位由投资而成为超级富豪的人，他的财富高达数百亿美元，并多次被《福布斯》杂志列为世界富豪榜中的第2名。巴菲特1930年出生于美国一个富裕的家庭，他在8岁时已开始阅读父亲放在家里的投资书籍，11岁时开始买公司股票，并具有点石成金的神通。如果你在1956年交给他1万美元，到1998年，你的1万美元资金可以获得25 000倍的盈余。

多年来，巴菲特常在他的办公室阅读和思考，并为股东创造了数十亿美元的财富，使许多早期的投资人成为千万富翁。巴菲特所运用的"价值投资"（投资物超所值的公司）方法堪称世界典范。他往往在众人的反对之下，作出最正确的决定，并使财富如滚雪球般越滚越大。

（1）华伦·巴菲特有什么公认的成就？请在正确答案前的□加上√号。

☐ a. 史上最成功的淘金者

☐ b. 史上最成功的实践者

☐ c. 史上最成功的投资者

☐ d. 史上最成功的拓荒者

（2）华伦·巴菲特借着什么而成为超级富豪？请在正确答案前的□加上√号。

☐ a. 创业　　☐ b. 投资　　☐ c. 赌博　　☐ d. 运气

（3）华伦·巴菲特多次被《福布斯》杂志列为世界富豪榜第几位？请在正确答案前的□加上√号。

☐ a. 第1位　　☐ b. 第2位　　☐ c. 第3位　　☐ d. 第4位

（4）华伦·巴菲特在何时就开始阅读关于投资的书籍？请在正确答案前的□加上√号。

☐ a. 8岁　　☐ b. 9岁　　☐ c. 10岁　　☐ d. 11岁

（5）华伦·巴菲特在何时开始购买公司股票？请在正确答案前的□加上√号。

☐ a. 10岁　　☐ b. 11岁　　☐ c. 12岁　　☐ d. 13岁

（6）何谓"价值投资法"？请在正确答案前的□加上√号。

　　□ a. 投资最物超所值的邮票

　　□ b. 投资最物超所值的名画

　　□ c. 投资最物超所值的古董

　　□ d. 投资最物超所值的公司

（7）为何华伦·巴菲特经常在办公司阅读和思考？请在正确答案前的□加上√号。

　　□ a. 增加自己的管理知识和智慧

　　□ b. 增加自己的投资知识和智慧

　　□ c. 增加自己的经济知识和智慧

　　□ d. 增加自己的政治知识和智慧

二　投资风险

　　"投资风险"是什么？那就是有可能赔钱！事实上，除非将金钱放进银行（但银行也有倒闭的可能)，否则任何投资都有风险，而且获利越高的投资，风险就越大。所以，我们应该设法减低风险，例如，将金钱分散投资在不同的项目，在投资前先要详细研究所投资的项目，并作出周密的计划。除非能确认当可能遭受的损失是自己所能承受的，且是为了获取更高报酬，值得承受适量的风险时，才可以拿出部分的资金来投资，否则将可能失去辛苦储存的金钱。

（1）何谓投资风险？请在正确答案前的□加上√号。

　　□ a. 可能赚钱　　　　□ b. 可能赔钱

（2）越是获利高的投资，风险就如何？请在正确答案前的□加上√号。

　　□ a. 风险就易变　　　□ b. 风险就不变

　　□ c. 风险就越大　　　□ d. 风险就越小

（3）如何减低风险？请在正确答案前的□加上√号（可选择多个答案）。

　　□ a. 将金钱分散投资在相同的项目

　　□ b. 将金钱集中投资在相同的项目

□ c. 将金钱分散投资在不同的项目

　　□ d. 将金钱集中投资在相似的项目

　　□ e. 投资后才详细研究所投资的项目

　　□ f. 投资前先详细研究所投资的项目

　　□ g. 将全部金钱用作投资

　　□ h. 只拿部分资金来投资

（4）如何决定是否投资？请在正确答案前的□加上√号（可选择多个答案）。

　　□ a. 所承受的风险是适量的

　　□ b. 所承受的风险是极高的

　　□ c. 可能的损失不会影响自己的生活

　　□ d. 自己能承担可能的损失

　　□ e. 可能的损失是自己不能承受的

　　□ f. 所承受的风险是值得的

三　何时投资

> 　　小明和小强是同龄的大学同学，毕业后分别在不同时期每年储蓄10 000元作为投资。假设两人均投资在年利率12%的理财工具上，下列是他们的本利和状况。

投资分析表

年龄	小明		小强	
	每年存钱	本利和	每年存钱	本利和
22	10 000	11 200	0	0
23	10 000	23 744	0	0
24	10 000	37 793	0	0
25	10 000	53 528	0	0
26	10 000	71 151	0	0
27	0	79 689	10 000	11 200
28	0	89 252	10 000	23 744
29	0	99 963	10 000	37 793
30	0	111 959	10 000	53 528

31	0	125 394	10 000	71 151
32	0	140 441	10 000	90 889
33	0	157 294	10 000	112 996
34	0	176 169	10 000	137 756
35	0	197 309	10 000	165 487
36	0	220 987	10 000	196 545
37	0	247 506	10 000	231 330
38	0	277 206	10 000	270 290
39	0	310 471	10 000	313 925

★本利和:最初用作投资的金钱再加上获得的利息回报。

（1）小明在何时开始存钱投资？请在正确答案前的□加上√号。

□ a. 22岁　　□ b. 23岁　　□ c. 24岁　　□ d. 25岁

（2）小明在何时停止存钱投资？请在正确答案前的□加上√号。

□ a. 24岁　　□ b. 25岁　　□ c. 26岁　　□ d. 27岁

（3）小明共花了多少时间存钱？请在正确答案前的□加上√号。

□ a. 3年　　□ b. 4年　　□ c. 5年　　□ d. 6年

（4）小强何时开始存钱投资？请在正确答案前的□加上√号。

□ a. 26岁　　□ b. 27岁　　□ c. 28岁　　□ d. 29岁

（5）小强在何时的投资本利和超过了小明？请在正确答案前的□加上√号。

□ a. 36岁　　□ b. 37岁　　□ c. 38岁　　□ d. 39岁

（6）小强共花了多少年才超越了小明只用5年存款所投资的本利和？请在正确答案前的□加上√号。

□ a. 11年　　□ b. 12年　　□ c. 13年　　□ d. 14年

（7）你在这个投资表中领悟到什么？请在正确答案前的□加上√号。

□ a. 投资越多越好　　　　□ b. 投资越早越好

□ c. 投资越迟越好　　　　□ d. 投资越少越好

四 "72法则"

"72法则"是什么？它是一个快捷、简单的方法，用来计算使本金变成2倍所需要的年数。例如：投资100元购买复利为9％的投资工具，需要8年（72/9）的时间才会变成200元。

用72法则本金变2倍的时间

年数：72/ 回报率

利率	所需年数
4	18
5	14.4
6	12
7	10.3
8	9
9	8
10	7.2

（1）若银行的存款利率是2％，多久才能使本金变成2倍？请在正确答案前的□加上√号。

□ a. 36年　　　□ b. 30年　　　□ c. 24年　　　□ d. 20年

（2）若投资的报酬是复利12％，则需要多久才能使本金变成2倍？请在正确答案前的□加上√号。

□ a. 12年　　　□ b. 10年　　　□ c. 8年　　　□ d. 6年

（3）你愿意承受适当的风险来增加回报吗？请在正确答案前的□加上√号。

□ a. 是　　　□ b. 否

第12课 学习重点

❀要使财富增长，先要增长投资知识。

❀巴菲特是史上公认的最成功的投资者。

❀投资前先要详细了解投资项目，分散投资。

❀投资要趁早。

❀72法则：72÷年利率，就是将本金变成2倍的年数。

第13课

分享金钱（一）

> 当财富只为人类的幸福服务时，它才算是财富。

一个真正受人尊敬的人，是不仅自己能够积极地创造财富，而且还能不断地帮助那些比自己不幸的人。事实上，这个世界并非每个人都有机会上学读书、有足够的食物、有温暖的家及能穿漂亮的衣服。因此，帮助他人不但使世界更美好，更能传递爱心，提升自己。

一 数幸福

★如果你有丰富的食物，你已经比12多亿人（全球的20%）幸福了，因为他们正忍受营养不良之苦。

★如果你每天能饱食三餐，你已经比6 000多万人（全球的1%）幸福了，因为他们濒临饿死边缘。

★如果你能饮用干净的水，你已经比10多亿人（全球的17%）幸福了，因为他们的水源受到污染。

★如果你拥有一辆车，你已经比59亿人（全球的93%）幸福了，因为他们负担不起。

★如果你拥有一个舒适的固定居所，你已经比50多亿人（全球的80%）幸福了，因为他们没有像样的房子。

★如果你银行户口及钱包里有一些钱，你已经比58亿人（全球的92%）幸福了，因为他们是家徒四壁的穷人。

★如果你能免于战祸或其他的威吓、袭击，你已经比12多亿人（全球的20%）幸福了，因为他们生活在恐惧之中。

★如果你正在阅读这段文字，你已经比全球8亿多人（全球的14%）幸福了，因为他们是文盲。

今晚当你上床睡觉时，你会对自己说些什么呢？

（本文部分资料来源：池田香代子《如果世界是个100人的村落》，2001）

（1）如果你能免于饥饿，你已比全球多少万人幸福？请在正确答案前的□加上√号。

　□ a. 3 000多万　□ b. 4 000多万　□ c. 5 000多万　□ d. 6 000多万

（2）如果你能阅读，你已比全球多少百分比的人幸福？请在正确答案前的□加上√号。

　□ a. 14%　　□ b. 15%　　□ c. 16%　　□ d. 17%

（3）如果你拥有一辆车，你已是全球多少百分比的人当中的1人？请在正确答案前的□加上√号。

　□ a. 5%　　□ b. 6%　　□ c. 7%　　□ d. 8%

（4）如果你能免于生活在恐惧中，你已比全球多少百分比的人幸福？请在正确答案前的□加上√号。

    □ a. 18%   □ b. 20%   □ c. 22%   □ d. 24%

（5）如果你的钱包里有一些钱，你已是全球多少百分比的富人当中的1人？请在正确答案前的□加上√号。

    □ a. 6%   □ b. 7%   □ c. 8%   □ d. 9%

（6）如果你能享用丰富的食物，你已比全球多少百分比的人幸福？请在正确答案前的□加上√号。

    □ a. 18%   □ b. 20%   □ c. 22%   □ d. 24%

（7）如果你能饮用干净的水，你已比全球多少亿人幸福？请在正确答案前的□加上√号。

    □ a. 13多亿人   □ b. 12多亿人   □ c. 11多亿人   □ d. 10多亿人

（8）如果你拥有一个舒适的固定居所，你已比全球多少百分比的人幸福？请在正确答案前的□加上√号。

    □ a. 80%   □ b. 81%   □ c. 82%   □ d. 83%

（9）你估计在2001年全球共有多少亿人？请在正确答案前的□加上√号。

    □ a. 63亿人   □ b. 67亿人   □ c. 71亿人   □ d. 75亿人

（10）帮助别人能带来什么正面的影响？请在正确答案前的□加上√号（可选择多个答案）。

    □ a. 令世界更美好

    □ b. 完善自己的人格

    □ c. 传播爱心

    □ d. 夸耀自己的付出

    □ e. 得到别人的表扬

    □ f. 其他 _____

二　我的祝福

●请在下列你所享有的事项上加上√号

☐ 没有战乱	☐ 家庭幸福	☐ 干净食物
☐ 账户有钱	☐ 身体健康	☐ 躲避风雨
☐ 上学读书	☐ 信仰自由	☐ 法律保障
☐ 使用计算机	☐ 课外活动	☐ 娱乐消遣
☐ 警察保护	☐ 观看电视	☐ 外地旅行
☐ 免受饥饿	☐ 营养食物	☐ 电力供应
☐ 免受虐待	☐ 医疗服务	☐ 乘坐汽车
☐ 阅读能力	☐ 聆听音乐	☐ 欣赏电影
☐ 洁净衣服	☐ 肢体健全	☐ 舒适床褥
☐ 完整城市	☐ 安全居所	☐ 计算能力

（1）哪些事情是你"特别"拥有的，而其他不幸的人却"无法"拥有？

_____

（2）哪些事情是凭着你自己的努力而获得的？

_____

（3）你有何感想？请在正确答案前的☐加上√号

☐ a. 感恩

☐ b. 骄傲

☐ c. 自夸

☐ d. 投诉

☐ e. 忍耐

☐ f. 其他 _____

第13课　学习重点

✿一个受人尊敬的人，是能帮助那些不幸的人的人。

✿帮助他人能让全世界更美好，且能提升自己的人格。

✿请细数自己的幸福和恩典。

第14课

分享金钱（二）

过多的财富是无用的，因为一个人的需要是有限的，除了基本需要的钱财，其他的就是多余之物。

分享是一种生活的信念，懂得分享，就明白了存在的意义。

一 有爱就会有一切

> 一个男人打开房门，看到三位老人坐在家门前的台阶上，虽然他不认识他们，但还是邀请他们到自己家里吃点东西。"可是，我们不能一同进去！"老人们说。其后，他们便各自介绍自己的名字——财富、成功和爱。虽然他打算邀请"成功"进来，但他的妻子却反对说："我想邀请'爱'进来，因为一家人拥有爱是最美好的。"最后，那男人听从了妻子的话。当"爱"进来的时候，另外两位老人也跟在后面，那个男人不解地问他们，他们却一同回答说："哪里有爱，哪里就有财富和成功！"

（1）那三位老人的名字是什么？请在正确答案前的□加上√号。

　　□ a. 快乐、成功、爱　　　　□ b. 财富、金钱、名

　　□ c. 财富、成功、爱　　　　□ d. 荣誉、富贵、才

（2）那个男人最初想邀请哪个老人？请在正确答案前的□加上√号。

　　□ a. 爱　　　□ b. 才　　　□ c. 成功　　　□ d. 财富

（3）为何男人的妻子反对男人的建议？请在正确答案前的□加上√号。

　　□ a. 她认为一家人拥有才是最好的

　　□ b. 她认为一家人拥有爱是最好的

　　□ c. 她认为一家人拥有名是最好的

　　□ d. 她认为一家人拥有利是最好的

（4）在这个寓言故事中，作者表达了什么信息？请在正确答案前的□加上√号。

　　□ a. 拥有爱心才能得到成功和财富

　　□ b. 拥有爱心才能得到成功和知识

　　□ c. 拥有爱心才能得到富贵和荣华

　　□ d. 拥有爱心才能得到财富和名气

二 施比受更为有福

> 慈悲是发自内心、自愿地将物品、金钱送给需要帮助的人，或捐助金钱给慈善团体。博爱是指"想要帮助人的渴望"。当你拥有慈悲和博爱的胸怀时，便能真心诚意地帮助那些需要帮助的人，而这些有意义的行为，将使你的人生变得更加多姿多彩。当你有能力施予他人，就表示你有能力反馈社会，你也将因为感受到生活的美好，从而

成为驾驭金钱的理财高手。

（1）慈悲是什么意思？请在正确答案前的□加上√号。

　　□ a. 发自外在、自发地将物品或金钱送给需要帮助的人或慈善团体

　　□ b. 发自内心、自发地将物品或金钱送给需要帮助的人或慈善团体

　　□ c. 发自内心、自愿地将物品或金钱送给需要帮助的人或慈善团体

　　□ d. 发自外在、自愿地将物品或金钱送给需要帮助的人或慈善团体

（2）博爱是什么意思？请在正确答案前的□加上√号。

　　□ a. 想要帮助人的渴望　　　□ b. 想要帮助人的意念

　　□ c. 想要帮助人的期望　　　□ d. 想要帮助人的计划

（3）当你拥有慈悲和博爱时，你会如何？请在正确答案前的□加上√号。

　　□ a. 心血来潮地帮助那些需要帮助的人

　　□ b. 真心诚意地帮助那些需要帮助的人

　　□ c. 马不停蹄地帮助那些需要帮助的人

　　□ d. 一意孤行地帮助那些需要帮助的人

（4）当自己有能力施予他人时表示什么？请在正确答案前的□加上√号（可选择多个答案）。

　　□ a. 自己感到生活的无聊　　　□ b. 自己感到生活的美好

　　□ c. 自己有资源反馈社会　　　□ d. 自己已是驾驭金钱的高手

　　□ e. 自己已是花费金钱的高手　□ f. 其他 ＿＿＿＿＿＿＿＿＿＿＿＿＿＿

三　何谓"慷慨付出"？

　　"付出"除了金钱外，还包括时间及物品等，例如，当义工或送出衣服、玩具或家庭用品等。此外，"付出"必须是真心诚意，并要以"尊敬"的态度去面对需要帮助的人，而这仅仅是为了在心灵上得到满足，并不附加任何条件或期望任何回报。这行为是一种发自内心的爱，并不能摆出"施恩"的态度，否则就是最糟糕的行善方式。更不能以纡尊降贵的态度去帮助那些不幸的人，然后去接受众人的赞美。记住：馈赠的方式比给的礼物更为重要。

（1）你可以付出什么来帮助别人？请在正确答案前的□加上√号。

　　□ a. 金钱、渴望及物品　　　□ b. 渴望、时间及物品

☐ c. 金钱、时间及物品　　　☐ d. 金钱、时间及渴望

（2）我们必须以什么态度去面对需要帮助的人？请在正确答案前的☐加上√号。

☐ a. 诚恳　　　☐ b. 谦虚　　　☐ c. 服从　　　☐ d. 尊敬

（3）何谓真心诚意的付出？请在正确答案前的☐加上√号。

☐ a. 没有附加任何条件或期望任何回报，只是为了在心灵上得到满足
☐ b. 没有附加任何条件和期望少许回报，只是为了在心灵上得到满足
☐ c. 只有少许附加条件或期望任何回报，只是为了在心灵上得到满足
☐ d. 只有少许附加条件或期望少许回报，只是为了在心灵上得到满足

（4）下列哪些是最糟糕的行善方式？请在正确答案前的☐加上√号（可选择多个答案）。

☐ a. 摆出"满足"的态度　　　　　☐ b. 摆出"施恩"的态度
☐ c. 以纡尊降贵的态度去帮助他人　☐ d. 以不拘小节的态度去帮助他人
☐ e. 以光明磊落的态度去帮助他人　☐ f. 借行善获取众人的赞美
☐ g. 借行善获取众人的赏识　　　　☐ h. 借行善获取众人的赏赐

（5）你能付出什么来帮助那些不幸的人？

我能付出：_____

_____

_____

_____

★施比受更为有福。

第14课　学习重点

❀有爱就会有一切：成功、快乐、财富、平安……
❀真心诚意去帮助需要帮助的人，可使自己的生活变得更美好、更多姿多彩。
❀ "付出"不附加任何条件，不期望任何回报。
❀ "付出"只为了在心灵上得到满足。
❀帮助别人时不要摆出"施恩"的态度和期望别人的赞美。

第15课

控制金钱（一）

财富的积累不在于你赚多少钱，而是看你存多少钱。

现今青少年常会乱花钱，就是因为不懂得计划、不知道节制。而"控制"金钱就是让你通过"记录花费"和"编列预算"来学习掌握金钱的流动，使你成为金钱的主人。

一 钱到哪里去了？

你是否常觉得零用钱怎么花得那么快？究竟用在什么地方了？其实，只要平常有记录收入和支出（记账）的习惯，就能知道自己的钱到底花在什么地方了。此外，当你养成记账的习惯后，也能帮助自己了解、找出有问题的花费项目，并且设法加以改善。如此一来，就不会把钱浪费掉。

（1）何谓"记账"？请在正确答案前的□加上√号。

　□ a. 记录所有储蓄和投资　　□ b. 记录所有收入和支出

　□ c. 记录所有花费和支出　　□ d. 记录所有收入和投资

（2）"记账"的好处是什么？请在正确答案前的□加上√号（可选择多个答案）。

　□ a. 存下来的钱会越来越多

　□ b. 存下来的钱较为安全

　□ c. 知道钱到底花在什么地方

　□ d. 增加自己的赚钱能力

　□ e. 能找到适合的投资项目

　□ f. 能找出有问题的花费项目

　□ g. 能避免金钱被别人盗窃

　□ h. 不会把钱浪费在不需要的东西上

● 下列是玲玲的一周的收入及支出记录：

收入项目	一	二	三	四	五	六	日	总数
零用钱	300	300	300	300	300	/	/	1 500
教钢琴	/	/	/	/	/	350	/	350
								1 850
支出项目	一	二	三	四	五	六	日	
午餐	100	110	100	105	110	/	/	525
车费	25	25	25	25	25	/	/	125
零食及饮料	/	50	90	75	60	/	/	275
娱乐（电影、漫画）	/	/	/	/	/	75	75	150
服饰、装饰品	/	20	/	/	25	15	80	140
礼物	/	/	/	/	/	/	400	400
其他（文具、捐献）	/	/	10	15	/	/	/	25
								1 640

（3）午餐是属于哪一类的花费？请在正确答案前的□加上√号。

□ a. 非必要开支 　　　□ b. 必要的开支

□ c. 额外的开支 　　　□ d. 突然性开支

（4）玲玲有多少种类的收入？请在正确答案前的□加上√号。

□ a. 1种 　　　□ b. 2种 　　　□ c. 3种 　　　□ d. 4种

（5）玲玲有哪些支出并非经常发生的？请在正确答案前的□加上√号。

□ a. 车费 　　　□ b. 娱乐 　　　□ c. 礼物 　　　□ d. 午餐

（6）玲玲的支出有哪些是可以节省或减少的？请在正确答案前的□加上√号。

□ a. 零食及饮料　□ b. 午餐 　　　□ c. 车费 　　　□ d. 其他

（7）玲玲一星期能存多少元？请在正确答案前的□加上√号。

□ a. 110元 　　　□ b. 160元 　　　□ c. 210元 　　　□ d. 260元

二　我的支出记录

　　有效控制金钱的第一步，就是先学会记录金钱的运用方式。金钱虽然是宝贵的资源，但它绝不会莫名其妙地消失在空气中。现在，只要你详细地记录下来，你会惊讶地发现，你在金钱管理方面是有很多地方可以改进的。

● 一星期的支出

日期＿＿＿年＿＿＿月＿＿＿日 至 ＿＿＿年＿＿＿月＿＿＿日

支出项目	第1天	第2天	第3天	第4天	第5天	第6天	第7天	总数
1								
2								
3								
4								
5								
6								
7								
8								

9						
10						

★请将上述每项支出总数填入下列"一个月的支出报表"内。

总支出＿＿＿＿＿＿＿＿

● 一个月的支出

日期＿＿＿年＿＿＿月＿＿＿日 至 ＿＿＿年＿＿＿月＿＿＿日

支出项目	第1周	第2周	第3周	第4周	第5周	总数
1						
2						
3						
4						
5						
6						
7						
8						
9						
10						

开支总额＿＿＿＿＿＿＿＿

● 现在，请详细检查你的支出记录，并找出需要改善的地方。

（1）有哪些支出是可以删除的?

_____

（2）有哪些支出是可以节省的?

_____

（3）有哪些支出是可以增加的?

_____

三 制定及执行预算

要有效地管理及控制金钱，光记录各项支出及收入是不够的，还必须学会"编列预算"（Budget）——计划怎样花费和存钱。它可以帮助你量入为出地过生活，并使自己达成储蓄目标。编列预算并不需要用高深的数学知识，你可根据以下的步骤来进行：

第一：列出每周／每月预计的收入。

第二：列出每周／每月的必须开支，例如午餐费及车费等。

第三：订下储蓄的目标。

第四：把预计收入减去必需的开支及储蓄目标后，就是非必须的开支，例如零食及饰物的花费等。

我的每周预算

收入		支出	
零用钱	1 500	必须：午餐费	750
兼职	350	车费	150
			900
		非必须：零食	200
		娱乐	200
		装饰品	200
			600
总　计	1 850	总　计	1 500

（1）何谓"预算"？请在正确答案前的□加上√号。

□ a. 编列期望的收入和捐献　　□ b. 编列期望的收入和支出

□ c. 编列期望的花费和支出　　□ d. 编列期望的投资和储蓄

（2）下列哪一项不是预算前的准备工作？请在正确答案前的□加上√号。

□ a. 收入是多少　　　　□ b. 花费是多少

□ c. 想存多少钱　　　　□ d. 投资是多少

（3）预算的目的是什么？请在正确答案前的□加上√号。

□ a. 为未来的收入流量进行计划

□ b. 为未来的金钱流量进行计划

□ c. 为未来的花费流量进行计划

□ d. 为未来的储蓄流量进行计划

（4）做好预算对我们有什么好处？请在正确答案前的□加上√号（可选择多个答案）。

□ a. 懂得量入为出　　　　□ b. 知道钱花在哪里

□ c. 达成自己的储蓄目标　　□ d. 有钱购买必需品

□ e. 生活更加美满　　　　□ f. 摒弃不实际的花费

（5）下列哪一项会导致预算失败？请在正确答案前的□加上√号（可选择多个答案）。

□ a. 列出所有预计的花费　　□ b. 不切实执行预算

□ c. 订出不切实际的储蓄目标　□ d. 先储蓄后消费

□ e. 未能预计额外的开支　　□ f. 低估预计的必须支出

（6）若我们发现预算有不恰当的地方，我们可以做些什么？请在正确答案前的□加上√号。

□ a. 取消预算　　□ b. 坚决执行　　□ c. 未能肯定　　□ d. 勇于修正

（7）下列哪一项不适用于增加预算储蓄目标？请在正确答案前的□加上√号。

□ a. 减少必须支出　　　　□ b. 减少非必须支出

□ c. 增加收入的来源　　　□ d. 增加收入的金额

（8）当考虑储蓄金钱时，我们必须先扣除哪个项目？请在正确答案前的□加上√号。

□ a. 随意的开支　　　　　□ b. 必要的开支

□ c. 非必要的开支　　　　□ d. 非固定的开支

（9）发现本周的零食预算费已经用尽时，你应该如何做？请在正确答案前的□加上√号。

□ a. 停止购买零食　　　　　　□ b. 增加零食的预算

□ c. 用其他预算的经费来购买零食　□ d. 不再执行预算

第 15 课　　学习重点

✿ "支出记录"能帮助自己知道钱到底花在什么地方，并能找出有问题的花费项目。

✿ "预算"就是计划如何花钱及存钱，它能使你过上量入为出的生活，并能帮助你达成储蓄的目标。

第16课
控制金钱（二）

适当地使用金钱，你就能成为它的主人。

··

也许有人会说，赚钱就是要花的，不然辛辛苦苦赚钱有什么用？听起来似乎也有道理，毕竟人总是要花钱，如果一直存在银行，钱还有什么意义？不过，若我们胡乱花费，再多的收入也不能应付支出，而这种态度只会让人吃尽苦头。因此，我们要适当地控制金钱，并过着有条不紊的生活，这样才不会因陷入金钱困境而烦恼。

一 运用金钱的优先次序

"金钱管理法则"是一个简单的工具，它适用于辨别运用金钱的方式，并能帮助我们决定运用金钱的先后次序。

	紧急	不紧急
重要	A. 紧急 + 重要	B. 不紧急 + 重要
不重要	C. 紧急 + 不重要	D. 不紧急 + 不重要

★在日常生活中，你可以把运用金钱的方式分为四类：

A.重要而且紧急　　　　B.重要但不紧急

C.不重要但紧急　　　　D.不重要不紧急

（1）何谓"重要"的运用金钱方式？请在正确答案前的□加上√号（可选择多个答案）。

☐ a. 建立幸福美满的家庭

☐ b. 购买心爱的物品

☐ c. 减少或免除意外所带来的损失

☐ d. 帮助任何人解决财务困难

☐ e. 购买舒适的居所

☐ f. 使自己的身心更加健康

☐ g. 为自己提供有益身心的娱乐

☐ h. 获得用不完的衣物

☐ i. 过自己喜爱的生活方式

☐ j. 为自己提供良好的教育

（2）何谓"紧急"的运用金钱方式？请在正确答案前的□加上√号（可选择多个答案）。

☐ a. 解决后果严重的事情　　☐ b. 解决迫在眉睫的事情

☐ c. 购买最昂贵的物品　　　☐ d. 购买最便宜的物品

☐ e. 投资最重要的公司　　　☐ f. 储蓄大量的金钱

（3）下列哪项是A类（重要而且紧急）的运用金钱方式？请在正确答案前的□加上√号（可选择多个答案）。

　　□ a. 购买衣服　　　　　□ b. 捐献金钱

　　□ c. 税务罚款　　　　　□ d. 医治疾病

　　□ e. 储蓄金钱　　　　　□ f. 投资教育

　　□ g. 开创事业　　　　　□ h. 购买保险

（4）应如何处理A类（重要而且紧急）的运用金钱方式？请在正确答案前的□加上√号。

　　□ a. 不须处理　　　　　□ b. 延迟处理

　　□ c. 立即处理　　　　　□ d. 最后才处理

（5）下列哪些是B类（重要但不紧急）的运用金钱方式？请在正确答案前的□加上√号（可选择多个答案）。

　　□ a. 购买名表　　　　　□ b. 出外旅游

　　□ c. 购买保险　　　　　□ d. 储蓄金钱

　　□ e. 投资金钱　　　　　□ f. 培训进修

　　□ g. 疯狂购物　　　　　□ h. 过度娱乐

（6）应如何处理B类（重要但不紧急）的运用金钱方式？请在正确答案前的□加上√号。

　　□ a. 必须现在做，但不必投入大量金钱

　　□ b. 可以现在做，也可以稍后一段时间做，但只需投入少量金钱

　　□ c. 必须现在做，并要投入少量金钱

　　□ d. 可以现在做，也可以稍后一段时间做，但必须投入大量金钱

（7）下列哪些是C类（不重要但紧急）的运用金钱方式？请在正确答案前的□加上√号（可选择多个答案）。

　　□ a. 进修英语课程　　　　□ b. 朋友的生日礼物

　　□ c. 购买戏票　　　　　　□ d. 缴纳税款

　　□ e. 购买心爱的小玩意　　□ f. 再买多一辆汽车

　　□ g. 购买课外读物　　　　□ h. 购买保险

（8）应如何处理C类（不重要但紧急）的运用金钱方式？请在正确答案前的□加上√号。

　　□ a. 因为这些事对自己并不重要，所以不用理会

　　□ b. 因为这些事对自己并不重要，可以等一会儿再处理，或在完成B类运用金钱方式后才处理

　　□ c. 因为这些事情紧急，所以要立即处理

　　□ d. 因为这些事情紧急，所以要用大量金钱处理

（9）下列哪些是D类（不重要不紧急）的运用金钱方式？请在正确答案前的□加上√号（可选择多个答案）。

　　□ a. 赌博　　　　　　　　□ b. 购买课外书

　　□ c. 经常乘坐出租车去购物　□ d. 购买不会使用的东西

　　□ e. 购买多得穿不完的衣服　□ f. 送礼物给不熟识的朋友

　　□ g. 过量购物　　　　　　□ h. 进修英文

（10）应如何处理D类（不重要不紧急）的运用金钱方式？请在正确答案前的□加上√号。

　　□ a. 和朋友一起分担这些费用

　　□ b. 要立即处理

　　□ c. 停止或最后才考虑，因为这是浪费金钱的事

　　□ d. 必须用大量金钱去完成

（11）应如何为四类运用金钱的方式排先后次序？请在正确答案前的□加上√号。

　　□ a. A→B→C→D　　　□ b. A→B→D→C

　　□ c. B→A→C→D　　　□ d. A→C→B→D

（12）如果将来不想为金钱而烦恼，我们应该多用心在哪一类的运用金钱方式上？请在正确答案前的□加上√号。

　　□ a. A类（重要而且紧急）　□ b. B类（重要但不紧急）

　　□ c. C类（不重要但紧急）　□ d. D类（不重要不紧急）

（13）根据上题，找出其中原因。请在正确答案前的□加上√号。

　　□ a. 这样运用金钱能够在将来产生更多的荣誉

　　□ b. 这样运用金钱能够在将来产生更多的快乐

　　□ c. 这样运用金钱能够在将来产生更多的金钱

　　□ d. 这样运用金钱能够在将来产生更多的享受

（14）如果你平时多做C类及D类的运用，那就等于什么？请在正确答案前的□加上√号。

　　□ a. 花明天的钱，圆今天的梦

　　□ b. 花明天的钱，圆明天的梦

　　□ c. 花今天的钱，圆明天的梦

　　□ d. 花今天的钱，圆今天的梦

（15）如何减少或防止A类（重要而且紧急）的运用金钱方式？请在正确答案前的□加上√号。

　　□ a. 完全不做C类（不重要但紧急）及D类（不重要不紧急）的事

　　□ b. 要对A类（紧急而且重要）的事件多加留意

　　□ c. 平时要多做C类（不重要但紧急）的事，以便能有更多的事前练习

　　□ d. 平时要多做B类（重要但不紧急）的事，因为延误往往会让B类事件变成A类（重要而且紧急）

（16）下列哪一项不是防止A类（重要且紧急）出现的明显例子？请在正确答案前的□加上√号。

　　□ a. 平时多购买电子游戏便不会使生活苦闷

　　□ b. 平时多储蓄便能够预备不时之需

　　□ c. 平时多运用金钱作适当的投资便能赚取更多的金钱

　　□ d. 平时多增加知识便不会被社会淘汰

　　□ e. 平时能购买适当的保险便能减低意外事故的损失

　　□ f. 平时能运用金钱来购买营养丰富的食物便能更加健康

二　一生的金钱管理计划

　　人生包括几个不同的阶段，大约每20年便是一个大转折，而每个阶段的金钱管理都有不同的重点。21世纪的现代人，比过去的人享有更长的寿命，为了完善地运用金钱、享受人生，就必须了解各

年龄阶段的需要，并且管理好自己的金钱。

1.少年阶段（0-20岁）

少儿时期的主要收入是父母给的零用钱，而主要的消费便集中于学业及日常开支上。虽然可以管理的金钱不多，仍应尽早树立使用金钱的正确价值观，并养成节俭、储蓄、精明花费、做预算及捐献等良好习惯。

2.青年阶段（21-40岁）

年轻人开始进入成人世界，开始自己赚钱养活自己，同时也要为新家庭的建立做好准备。在此阶段，应努力储蓄金钱，趁早进行投资，以迎接一个富裕的晚年。

3.中年阶段（41-60岁）

中年是生活压力的最高峰，因为孩子仍然在学，而父母亲可能已经退休。在这个阶段中，薪资及花费亦会达到最高峰，因此更要为退休生活做全面的准备。

4.晚年阶段（61-80岁）

步入晚年时，收入与花费均会减少。但退休后，仍需要大笔金钱来支付日常生活的费用，因此应该把大部分的金钱放在稳定、低风险的投资上。

（1）人生哪个阶段最适合培养储蓄、节俭及捐献等习惯？请在正确答案前的□加上√号。

□a. 少年　　　□b. 青年　　　□c. 中年　　　□d. 老年

（2）人生哪个阶段开始自己赚钱养活自己？请在正确答案前的□加上√号。

□a. 少年　　　□b. 青年　　　□c. 中年　　　□d. 老年

（3）人生哪个阶段应该开始考虑将来退休的问题？请在正确答案前的□加上√号。

□a. 少年　　　□b. 青年　　　□c. 中年　　　□d. 老年

（4）人生哪个阶段应该努力储蓄、趁早进行适当的投资？请在正确答案前的□加上√号。

□a. 少年　　　□b. 青年　　　□c. 中年　　　□d. 老年

（5）人生哪个阶段是事业的高峰期？请在正确答案前的□加上√号。

　　□a. 少年　　　□b. 青年　　　□c. 中年　　　□d. 老年

（6）人生哪个阶段是生活压力的高峰期？请在正确答案前的□加上√号。

　　□a. 少年　　　□b. 青年　　　□c. 中年　　　□d. 老年

（7）人生哪个阶段的收入、花费及储蓄等会减少？请在正确答案前的□加上√号。

　　□a. 少年　　　□b. 青年　　　□c. 中年　　　　□d. 老年

（8）人生哪个阶段的投资最需要稳定及安全？请在正确答案前的□加上√号。

　　□a. 少年　　　□b. 青年　　　□c. 中年　　　□d. 老年

第16课　学习重点

❀运用"金钱"的方式分为四类：

A类（重要而且紧急）：立即处理。

B类（重要但不紧急）：现在或稍后做，必须投放大量金钱去做。

C类（不重要但紧急）：可以稍后处理或完成B类事件后再处理。

D类（不重要且不紧急）：停止不做或最后才处理。

❀"管理金钱"因人生不同的阶段而改变：

少年：养成节俭、储蓄、精明花费、捐献及做预算的良好习惯。

青年：努力储蓄金钱，尽早进行适当的投资。

中年：为退休做好全面金钱准备。

老年：金钱应放在稳定、低风险的投资上。

参考答案

由于思维的多样化，每个人对同一个问题的思考所得的答案绝不会是完全一样的。因此，我们在这里所提供的答案只是一个参考、只是为了学习思维技巧而运用的，而绝不是一个统一的标准答案。

第1课

一 自由作答

二 （1）d（2）a（3）b（4）d（5）c（6）b（7）c（8）a（9）b（10）c（11）d（12）c（13）b

三 领悟：金钱并非人生最重要的东西

四 （1）

特性	时间	金钱
可以增加	×	√
可以减少	×	√
可以借给他人	×	√
失去后能寻回	×	√
每个人拥有的都一样	√	×
按一定的速度消失	√	×
可以积累	×	√
能被人偷走	×	√
能免费给每个人	√	×

（2）a, b, d

五 （1）b（2）a（3）c（4）d（5）b（6）a（7）d（8）b（9）a, b, c, d, e

第2课

一 （1）a（2）c（3）d（4）a（5）d（6）b（7）c（8）b

二 （1）a（2）d（3）c（4）c（5）b（6）a（7）a, c, d, f, h, j

三 计分方式：选择"是"得1分；选择"有时"得2分；选择"不是"得3分

第3课

一 （1）A. a B. c C. a D. d E. b F. a G. c H. d（2）a（3）b

三 （1）c（2）d（3）a（4）d（5）c, d, f

四 自由作答　　五 （1）自由作答（2）a, b, c, e, f

第4课

一 （1）b（2）b（3）d（4）a（5）c（6）d　　二 （1）b（2）d（3）d

第5课

一 自由作答

二　（1）

	需要（必要开支）	想要（非必要开支）
校服	√	
书包	√	
书包上的设计装饰		√
皮鞋	√	
名贵皮鞋		√
乘校车上学	√	
乘出租车上学（非紧急）		√
午餐	√	
甜品		√
零食		√
漫画、休闲杂志		√
学习英语	√	
学习小提琴		√
教科书	√	
煤气费	√	
文具	√	
贴纸		√

（2）a

三　（1）c（2）d（3）b（4）a, b, c, d, e, g（5）a, c, d, e, f, g（6）a, b, c, d, e（7）a, b, c, d, e, f, g

四　（1）b（2）a（3）d（4）a（5）a（6）c（7）b（8）a（9）a, b, c, d, e, f

第6课

一　（1）a, b, d, f（2）d（3）a, b, c, e, g, h

二　（1）b, d, e, f（2）a, b, c, e（3）a, b, c, d, f（4）a, b, e（5）c, d（6）a, c, d（7）a, b, c, d, e

（8）a, b, c, d, e, f（9）c, d, e（10）a, b, c, d, e（11）a, b, c

三　（1）b（2）c（3）d

四　自由作答

第7课

一　（1）b（2）a（3）d（4）a（5）c（6）c（7）a（8）d

二　（1）a（2）d（3）b（4）a, b, c, d, e, f, g, h, j（5）a, c, e

三　（1）c（2）b（3）d（4）b

第8课

一　（1）c（2）d（3）a, b, c, d, e, f, g, h, i, j, k, l, m, n, o, p

二　（1）c（2）c（3）a（4）d（5）a（6）b（7）b

（8）d（148 + 142 + 137 + 132 + 127 + 122 + 117 + 112 + 108 + 104 = 1249）

（9）b（1084 / 267 = 4倍）

第9课

一 （1）c（2）d（3）全部都有机会发生（4）a.3 b.3 c.3 d.1 e.1 f.2 g.2 h.2 i.2 j.1 k.3 l.1 m.2 n.3 o.2 p.3 q.1 r.3 s.2 t.3 u.3 v.3 w.1

二 （1）a（2）c（3）a（4）d（5）d（6）c（7）a（8）b（9）a（10）c（11）d

三 （1）c（2）d（3）a（4）a,b,c,e,f（5）b,c（6）c,d（7）a,b,c,d,e,f

第10课

一 （1）c（2）a（3）d（4）a（5）c（6）b（7）c（8）a,b,c,d,f,g,h,i,j
（9）a,b,c,e,f（10）c［1000 x 3% = 30］（11）a［1000 x（1+30%）］
（12）c［1300 x（1+30%）］（13）d（14）a（15）a,c,d,e（16）a,b,c,d,e,h

二 （1）b（2）a,b,d,e,f,h（3）a,b,c,e（4）c（5）a,c,d,f,g（6）a,b,c,d,e,f,g,h（7）a

第11课

一 （1）d（2）b（3）d（4）a（5）c（6）a　二 （1）c（2）a（3）d（4）a,b,c,d,e,f

三 （1）c（2）a,b,c,d,e（3）a（4）d（5）b（6）c（143.37 / 17.449）

四 （1）b（2）a（3）d（4）c

第12课

一 （1）c（2）b（3）b（4）a（5）b（6）d（7）b　二 （1）b（2）c（3）c,f,h（4）a,c,d,f

三 （1）a（2）d（3）c（4）b（5）d（6）c（7）b　四 （1）a（72/2）（2）d（72/12）（3）/

第13课

一 （1）d（2）a（3）c（4）b（5）c（6）b（7）d（8）a（9）a（10）a,b,c

二 （1）自由作答（2）自由作答（3）a

第14课

一 （1）c（2）c（3）b（4）a　二 （1）c（2）a（3）b（4）b,c,d

三 （1）c（2）d（3）a（4）b,c,f

第15课

一 （1）b（2）a,c,f,h（3）b（4）b（5）c（6）a（7）c

三 （1）b（2）d（3）b（4）a,b,c,d,e,f（5）b,c,e,f（6）d（7）a（8）b（9）a

第16课

一 （1）a,b,c,e,f,g,i,j（2）a,b（3）c,d（4）c（5）c,d,e,f（6）d（7）b,c,e（8）b
（9）a,c,d,e,f,g（10）c（11）a（12）b（13）c（14）a（15）d（16）a

二 （1）a（2）b（3）b（4）b（5）c（6）c（7）d（8）d

主要参考书目

★黄绍文、黄丽芳著（2003），《小财大用：教导孩子管理金钱》，突破出版社，香港

★严星、陆安春著（2003），《让你的孩子学会理财》，维德文化事业有限公司，台湾

★严星、陆安春著（2002），《少儿财商——怎样让孩子从小学会理财》，台海出版社，北京

★林一鸣著（2003），《FQ儿童理财训练班》，经世文化出版有限公司，香港

★林一鸣著（2004），《FQ儿童理财童话集》，经世文化出版有限公司，香港

★庄恩岳著（2002），《开启孩子的财富》，浙江人民出版社，杭州

★庞爱兰著（2005），《理财的阶梯》，突破出版社，香港

★暴占光主编（2002），《小学生理财常识》，北方妇女儿童出版社，长春

★藤久美著，陈苍杰译（2004），《富儿女穷儿女——从小培养正确金钱观》，汉欣文化事业有限公司，台湾

★林满秋著（1995），《孩子一生的理财计划》，天卫文化图书有限公司，台北

★玛丽昂·伦登、雷切尔·克兰兹著，倪乐译（2004），《同学，咱们聊一聊钱》，商务印书馆，北京

★陈涛编著（2005），《培养孩子的财富基因》，中国经济出版社，北京

★李灿教、宋洋民著（2004），《小学生学经济懂理财的51堂课》，三采文化出版事业有限公司，台湾

★黎民杰、黎淑恒著（2005），《开开心心学理财（学前篇）》，经济日报出版社，香港

★彭振武著（2005），《零花钱，怎么花》，中国金融出版社，北京

★唐庆华著（1997），《如何理财——现代家庭和个人财务策划》，三联书店（香港）有限公司，香港

★林仁和著（1999），《一生的理财规划》，联经出版事业公司，台湾

★艾斯德斯·巴洛克斯著，刘学雯译（1998），《培养孩子的金钱观理财力》，笛滕出版图书有限公司，台湾

★比尔·图海、玛丽·图海著，谢芳译（2003），《人心思富》，上海人民出版社，上海

★汉德利著，懿心、蒋蕾等译（2003），《30天提升理财理念》，中国水利水电出版社，北京

★Allen Klosowski著，刘嘉真译（1993），《理出财运来——一辈子的财务健全计划》，麦田出版社，台北

★罗杰·梅里尔、丽贝卡·梅里尔著，王德忠、李萌译（2004），《Life Matters平衡》，电子工业出版社，北京

★Burkett Larry(2000),"Money Matters for Teens",Moody Press,Chicago.

★Burkett Larry(1998),"Money Matters for Teens Workbook(Age11-14 Edition)",Moody Press,Chicago.

★ Burkett Larry(1998),"Money Matters for Teens Workbook(Age15−18 Edition)",Moody Press, Chicago.

★ Otfinoski Steve(1996),"The Kid's Guide to Money",Scholastic Inc,New York.

★ Dr.Whitcomb,John E(2001),"The Sink or Swim Money Program:A 6−step plan for teaching your teens financial responsibility",Penguin Group,New York.

★ Godfrey Neale S.& Edwards Carolina(1994),"Money Doesn't Grow on Trees:a parent's guide to raising financially responsible children",Fireside Rockefeller Center,New York.

★ Kiyosaki Robert T & Lechter Sharon(2001),"Rich Dad's Rich Kid Smart Kid−Giving Your Child a Financial Head Start",Warner Books,New York.